高职高专食品类专业规划教材

食品加工技术实验实训手册

主　编　林祥群　李晓华　卢春霞
副主编　赖　凡　姜　黎　唐文娟
参　编　张秋霞　刘婷婷　李星艳
　　　　岳燕燕　江子键

武汉理工大学出版社
武汉

图书在版编目(CIP)数据

食品加工技术实验实训手册/林祥群，李晓华，卢春霞主编．—武汉：武汉理工大学出版社，2022.12

ISBN 978-7-5629-6586-2

Ⅰ.①食…　Ⅱ.①林…　②李…　③卢…　Ⅲ.①食品加工-高等职业教育-教材　Ⅳ.①TS205

中国版本图书馆 CIP 数据核字(2022)第 081615 号

项目负责人：楼燕芳　　责 任 编 辑：楼燕芳
责 任 校 对：余士龙　　排　　版：芳华时代
出 版 发 行：武汉理工大学出版社
社　　址：武汉市洪山区珞狮路 122 号
邮　　编：430070
网　　址：http://www.wutp.com.cn
经　　销：各地新华书店
印　　刷：武汉乐生印刷有限公司
开　　本：787×1092　1/16
印　　张：10.5
字　　数：275 千字
版　　次：2022 年 12 月第 1 版
印　　次：2022 年 12 月第 1 次印刷
定　　价：35.00 元

凡使用本教材的教师，可通过 E-mail 索取教学参考资料。
E-mail：10124159@qq.com
本社购书热线电话：027-87384729　87391631　87165708(传真)
凡购本书，如有缺页、倒页、脱页等印装质量问题，请向出版社发行部调换。

前　言

高等职业教育培养的是实用型、应用型高技能人才。因此，高职学生除了具备必需的专业知识外，还应具备较强的实践动手能力、与人合作能力、组织协调能力、市场营销能力等。高职食品类专业的学习要求学生具备较强的实践操作技能，在学习过程中能将理论与实践相结合。在此要求下，为提高学生的实践操作能力，在"工学结合"人才培养模式改革理念的指导下，我们编写了本教材。

本教材的开发理念：通过教师到企业调研、访谈，与行业专家会谈等方式，了解食品企业对学生综合素质的需求，确定食品行业岗位的典型工作任务，开发任务驱动模式的教学标准。每项任务分为实验性操作和实训性操作。实验性操作主要以小组为单位，组内成员共同协作，在校内实验室完成任务。实训性操作主要以班级为单位，进入校内实训间（或企业）完成操作。

本教材的设计思路：采用"行动导向、任务驱动、基于工作过程"的设计理念，每项任务都是一个个具体的工作过程，学生以小组（团队）为单位接受任务，进行团队分工，共同完成任务。在任务的完成过程中，成员的团队协作能力、个人组织能力、学习能力等均可得到提升。各小组各取所长，良性竞争，积极上进，有助于高质量地完成任务。本教材提供了由"教师中心"向"学生中心"转变的可行性范本。

本教材的编写目的：实现学生为主、教师为辅的实验实训教学。一是巩固课程理论知识，掌握基本加工方法和技能。二是培养学生查阅资料、自行设计和调整配方的能力。三是增强学生的团队意识，提高其协作、组织、营销等能力。四是提高学生解决实验实训中出现的问题的能力。

本教材由多年从事食品加工课程教学、科研的高校教师和科研人员以及食品加工企业的技术骨干共同编写。绪论、学生实验及实训守则、果蔬加工、肉加工、部分烘烤加工的内容由林祥群编写；烘烤加工、发酵、乳品加工的内容由李晓华编写；软饮料加工、水产品加工的内容由卢春霞编写。教材的编写得到了新疆娃哈哈食品有限公司、新疆雨润食品有限公司、新疆西牧乳业有限公司、新疆中信国安葡萄酒有限公司和乌鲁木齐泰和食品有限公司的大力支持，在此表示衷心的感谢。由于编者水平有限，教材中难免出现疏漏和不当之处，恳请读者批评指正。

编　者

目　录

绪　论

“食品加工技术实验实训手册”是高职高专食品类专业的专业课程之一。它是以“食品加工技术”的基础理论为指导开设的实践性、综合性极强的课程。开设“食品加工技术实验实训手册”课程的目的不仅仅是制作一个个产品，更是培养学生的社会责任感和职业素养，如安全意识、责任意识、团队意识、专业应用及探究能力等。

《食品加工技术实验实训手册》涉及果蔬产品制作工艺、烘焙食品制作工艺、肉制品制作工艺、乳制品制作工艺、软饮料制作工艺、水产品制作工艺、发酵制品制作工艺七大模块内容，包含30多种产品，内容涵盖面广。教材中每一项任务的实施都需经历原料选择处理、配方制定、工艺设计、技术控制、产品包装、指标测定等过程。每项实验实训任务完成后，学生都需要对课后习题及知识要点进行思考总结，并完成正文之后的附表1、附表2的填写。

本教材采用以学生为主、以教师为辅的编写模式，突出培养学生的创新能力、实践操作能力、综合应用能力、分析解决问题能力，同时，拓宽学生的知识视野，使学生具有一定的研究和开发新产品的能力，增强学生的就业及自主创业的能力。

学生实验守则

1.实验前,必须详细阅读实验指导书,并在教师指定的时间内预习实验内容。

2.熟悉实验目的、要求、方法、步骤和注意事项。确定所需仪器设备、用具及材料是否齐全、有无破损,如果有缺失或破损,须向指导教师汇报,并及时调整。

3.实验教学过程中,应按实验指导书规定的内容、方法和步骤进行独立操作,不得随意挪动各组仪器、用具和材料,不得随意拨动仪器开关,须在教师的指导下严格操作,仔细观察,详细记录。

4.爱护仪器设备、用品、材料及工具,节约用水、用电和实验用品,避免损坏和浪费。使用设备前应进行登记。

5.严格遵守实验操作规程及实验室各项规章制度。保持室内安静、整洁,注意安全,谨防发生事故。

6.清洗仪器、设备、用具、材料时,须将固定物倒入指定容器内,不得直接倒入水槽,以免堵塞水管。

7.不允许抄写他人实验记录,否则重做。如有疑问,应向指导教师请教,清楚后方可操作。

8.实验完毕,将所有仪器设备、用具和材料等清理干净后按原位摆放,如有破损,向指导教师汇报,并做好实验记录。做实验的过程中保持肃静,不随意走动,不做与本实验无关的事情,以免影响实验的进度和准确度。

9.实验结束后,实验人员有序离开,指定值日生打扫实验室,保持实验室整洁,关闭水、电、窗、门。

学生实训守则

1. 明确生产实训的目的，努力完成各项实训任务。

2. 遵守实训纪律，不迟到、不早退、不无故缺席。有特殊情况应事先请假，病假应有校医院证明。在校外实训要服从命令听指挥，不可单独行动。

3. 实训时，要认真听工厂技术人员讲解，认真做好笔记。不得在车间内大声喧哗、嬉戏打闹。

4. 严格遵守实习工厂、实训室的安全和卫生制度，维护食品生产过程中的卫生条件，进入车间、实验室必须穿戴工作服，不在车间内抽烟、随地吐痰、乱丢纸屑，不用手触摸食品及包装容器。未经允许不得随意开启仪器、设备或管道的阀门。

5. 在实训期间规范自己的行为，珍惜并充分利用生产实训的机会，勤于动手动脑，善于观察思考，理论联系实际，为将来走向社会打下良好的基础。

模块一　果蔬产品制作工艺

水果和蔬菜是人们日常饮食中非常重要的食材，其含有的营养元素是维持健康的重要保证。随着人们生活水平的不断提高以及食品加工技术的持续发展，人们对果蔬产品的需求已不再满足于简单生食以及家庭烹饪，对果蔬制品的花色以及功效提出了更高的要求。这就要求出现更多特色果蔬制品，而这一切完全依靠果蔬加工来实现。利用食品工业的各种加工工艺和方法处理新鲜果品、蔬菜而制成的产品，称为果蔬加工品。果蔬产品加工可以使果蔬达到长期保存、经久不坏、随时取用的目的。在加工处理中要最大限度地保存果蔬的营养成分，提高食用价值，使加工品的色、香、味俱佳，组织形态更趋完美，进一步提高果蔬加工制品的商品化水平。

根据果蔬植物原料的生物学特性，采取相应的工艺，可制成许许多多的加工品，按制作工艺可分为以下几类：

(1)果蔬罐藏品：将新鲜的果蔬原料经预处理后，装入严密封闭的容器中，加入适量的盐水或清水或糖水，经排气、密封、杀菌等工序制成。这种保藏食品的方法叫罐藏。

(2)果蔬干制品：新鲜果蔬经清洗、切分、护色等处理，再经自然干燥或人工干燥，使其含水量降到一定程度(果品15%～25%，蔬菜3%～6%)，能够达到长期贮存的效果。这类加工品被称为果蔬干制品。

(3)果蔬糖制品：新鲜果蔬经预处理后，加糖煮制，使其含糖量达到65%以上，再经干制或不经干制，采用不同包装方式制成的加工品叫果蔬糖制品。根据产品形态的不同，其又可分为果脯和果酱两大类。

(4)果蔬速冻品：新鲜果蔬经预处理后，于－30～－18 ℃的低温下，在20 min内使其快速冻结所制成的产品叫果蔬速冻品。这种制作方式较好地保留了食材的形态、色泽及营养价值。

(5)蔬菜腌制品：新鲜蔬菜经过部分脱水或不脱水，利用食盐进行腌制所制得的加工品，称为蔬菜腌制品。

本模块简单介绍各类果蔬制品的分类及特点，详述每一种产品制作的全过程，内容涉及实验材料与设备、实验原理、制作流程、操作要点、产品标准等知识，希望能对食品相关专业开展课程实验有所帮助。

任务一　制作罐头

罐头食品指原料经处理、装罐、密封、杀菌或无菌包装而制成的食品。罐头食品的优点有：①清洁卫生，能防止食品不受污染，储存时间可达1～2年；②能保持食品原有的营养价值和风味；③便于携带、运输和储藏，不易破损；④大多数罐头食品不经再加工即可食用，比较方便；⑤罐头食品生产季节固定，全年消费，地区生产，全国消费或出口，能起调剂有无的作用。正是由于这些优点，使罐头食品备受消费者喜爱，其能满足野外勘探、远洋航海、登山

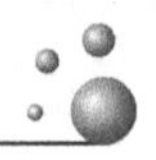

探险等艰苦条件下的特殊需要。罐头食品按原料可分成畜禽肉类罐头、水果类罐头、水产类罐头、蔬菜类罐头、干果和坚果类罐头、谷类罐头和豆类罐头等。将各大类罐头食品按加工或调味方法的不同可分成汤类罐头、调味类罐头、混合类罐头、幼儿辅食类罐头等。本项目主要涉及罐头中的水果类罐头和蔬菜类罐头。

水果类罐头按加工方法的不同，可分为糖水类水果罐头、糖浆类水果罐头、果酱类水果罐头、果汁类罐头。其中果酱类水果罐头可分为果冻罐头（果汁果冻罐头、含果块或果皮的果冻罐头）、果酱罐头；果汁类罐头可分为浓缩果汁罐头、果汁罐头、果汁饮料罐头。

蔬菜类罐头可分为清渍类蔬菜罐头、醋渍类蔬菜罐头、盐渍（酱渍）类蔬菜罐头、调味类蔬菜罐头、蔬菜汁（酱）罐头。

实验一　制作黄桃罐头

黄桃的营养十分丰富，它富含维生素C和大量人体所需要的纤维素、胡萝卜素、番茄黄素等。它甜多酸少，味道独特，每天吃两个即可起到通便，降血糖、血脂，抗自由基，去除黑斑，延缓衰老，提高免疫功能等作用。受季节性和存储性影响，黄桃大多被做成黄桃罐头。黄桃罐头的制作中，桃子和糖水融合，形成浓浓的醇香，把桃子的香甜发挥得淋漓尽致，营养损失极少。其制作原料不含防腐剂，保质期长达一年，成为众多罐头食品中很受欢迎的一种。

一、实验认知

（1）实验学时：4。

（2）实验类型：验证综合性实验。

（3）实验要求：必修。

二、实验目的

（1）通过黄桃罐头制作实验，加深理解水果类酸性食品的罐藏原理。

（2）掌握罐头制品加工工艺技术。

（3）通过实验认识各种不同的去皮方法对食品品质的影响。

（4）掌握水果罐头加工中常见质量问题的处理方法。

三、实验内容

原料选择、清洗、去皮去核、预煮、修整分选、洗罐、装罐、灌糖液、排气、密封、杀菌、冷却、擦水、包装。

四、实验原理

经过灌装、排气、密封、杀菌、冷却，杀灭有害微生物的营养体，残留的微生物芽孢在无氧的状态下无法生长活动，钝化了酶的活性，从而使罐头内的水果保持相当长时间的无菌状态。

五、实验形式

根据本实验的内容先集中授课，再以组为单位分配任务，进行分组实验，组员可以对既定的配方进行适当调整，也可以选择不同的水果材料，采用不同的预处理方式（如去皮），最终成品的质量由指导教师评定。

六、实验条件

1. 材料

主要原料：黄桃，白砂糖。

加工辅助材料：氢氧化钠、盐酸、柠檬酸、食盐等。

主要营养成分：纤维素、胡萝卜素、番茄黄素。

2. 设备及用具

设备：洗果槽及升运机、转筒分级机、水果挖核机、淋碱去皮机、螺旋预煮机、装罐输送机、排气箱、封罐机、棍式杀菌机、台秤、折光仪、电炉、天平。

用具：已消毒的玻璃罐、不锈钢刀、瓷盆、温度计、不锈钢锅、漏瓢等。

七、实验步骤

（一）工艺流程

原料选择→清洗、去皮→切半、挖核→热烫、冷却→修整、分选→装罐、加糖液→排气、密封→杀菌、冷却→保温→检验→擦罐、贴标签、装箱→入库。

（二）操作要点

1. 原料选择

采购成熟度为8.5成、新鲜饱满、无病虫害、无机械损伤、直径在5 cm以上的优质黄桃。要求果实肉质稍脆、组织致密、糖酸含量高、香味浓、不易变色、肉质丰厚的品种，如大久保、玉露、黄露等。选除有机械伤，过生、过熟，软、烂、病虫害果及干瘪畸形果实，清洗干净（企业、实训室机械化操作，实验室人工操作）。

2. 清洗、去皮

企业现阶段较多采用碱液去皮，淋碱法比浸碱法好，因为能达到快速去皮的效果。将桃子放入温度为90～95 ℃、浓度为3%～5%的氢氧化钠溶液中30～60 s后，迅速捞出放入流动水中冷却，并用机械或手工搓，使表皮脱落，再放入0.3%的盐酸液中浸泡，中和2～3 min。最后用1.5%的食盐水护色10 min，随后用清水冲净盐液。可以根据黄桃品种的不同，适当调整碱液浓度、温度、淋碱时间，以更好地为黄桃去皮。

3. 切半、挖核

以人工或机械的方式用切核刀沿合缝线将桃子切成两半，不要切偏。切半后立即浸入清水或1%～2%的盐水中护色，并挖去桃核及近核处的红色果肉。要挖得光滑且呈椭圆形，但果肉不能挖得太多或太碎，可稍留红色果肉。

4. 热烫、冷却

将桃片放入含0.1%柠檬酸的热溶液（95～100 ℃）中烫4～8 min，以煮透而不烂为度，达到要求后迅速捞出并用冷水冷透，停止热作用，保持果肉脆度。如不尽快冷却，且原料在加工过程中受热，温度的提高和时间的延长会使成品颜色过深，影响品质，因而控制加热温度和时间非常重要。

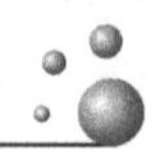

5.修整、分选

用锋利的刀削去毛边和残留的桃皮，挖去斑点和变色部分，使切口无毛边，核洼光滑，果块呈半圆形。用水冲洗、沥水后选择果形完整的桃块，按不同色泽、大小分开，以待装罐。

6.装罐、加糖液

500 g玻璃罐果肉装罐量为310 g，注入85 ℃以上、25%～30%的热糖水（糖水中加0.2%～0.3%的柠檬酸）170 g。采用人工装罐（企业采用机械装罐），将修整好、分过级的桃块装罐，注意排放整齐，装罐量不低于净重的55%。装罐后立即加糖液。罐盖和胶圈预先在100 ℃的沸水中煮5 min，灭菌。该罐头的糖液配制方法为75 kg水加20 kg砂糖和15 g柠檬酸，煮沸后用绒布或200目尼龙网过滤。

（1）配糖液：将砂糖盛入双层锅中，加适量水融化（100 kg糖用50～60 kg水融化），过滤糖液，检查浓度，加煮沸过的清水调整糖液至要求的浓度。糖液浓度的计算公式为：

$$Y=(W_3Z-W_1X)/W_2$$

式中　Y——要求的糖液浓度（%，以折光计）；

W_1——每罐装入果肉量（g）；

W_2——每罐加入糖液量（g）；

W_3——每罐总质量（g）；

X——装罐时果肉可溶性固形物含量（%，以折光计）；

Z——要求开罐时的糖液浓度（%，以折光计）。

加水调整计算：

$$W=[(a-b)/(b-c)]\times W'$$

式中　W——加水量（kg）；

a——浓糖液的浓度（%，以折光计）；

b——要求配制的糖液浓度（%，以折光计）；

W'——浓糖液质量（kg）。

要求糖液浓度按表1-1配制（开罐时糖水浓度以16%计）。

表1-1　糖液浓度配置表

果肉原有的可溶性固形物含量（%）	7.0～7.9	8.0～8.9	9.0～9.9	10～10.9
要求配制的糖液浓度（%）	35.0	33.5	31.0	29.0

加入0.1%～0.3%的柠檬酸溶液，具体根据果肉含酸量而定，若果肉含酸量在0.9%以上，则不加柠檬酸；若果肉含酸量在0.8%左右，则加0.1%的柠檬酸；若果肉含酸量在0.7%左右，则加0.3%的柠檬酸）。

（2）加罐液：装罐时糖液的温度不得低于95 ℃，趁热装入罐内，称重。加罐液量至罐型内容物总质量的±1%～2%，装罐后上面留约5 mm的顶隙，趁热密封罐口，注意密封时罐内温度不得低于75 ℃。

7.排气、密封

采用排气箱加热排气法排气，即将罐头送入排气箱后，在预定的排气温度下，经过一段时间的加热，使罐头中心温度达到85 ℃，排气10 min，使食品内部的热量充分外逸。采用卷边密封法密封，即依靠玻璃罐封口机的滚轮的滚压作用，将马口铁盖的边缘卷压在罐颈凸缘下，以达到密封的目的。注意从排气箱中取出罐头后要立即趁热密封。

8. 杀菌、冷却

密封后应及时杀菌。杀菌的方法为常压沸水杀菌，设备为立式开口杀菌锅，先在锅中注入适量水，然后再通蒸汽加热。待锅内的水沸腾时，将装满罐头的杀菌篮放入锅内，罐头应全部浸没在水中，宜先将罐头预热到 60 ℃再放入杀菌锅内，以免杀菌锅内水温急剧变化导致玻璃罐破裂。当锅内水再次沸腾时，开始计算杀菌时间，保持水的沸腾直到杀菌结束。在沸水中煮 20 min，杀菌后立即用温水喷淋分段冷却(温水的温度可分段设置为 65 ℃、43.5 ℃、30 ℃或 75 ℃、55 ℃、35 ℃)至 35～40 ℃。罐头冷却后的最终温度一般以用手取罐不觉烫手、罐内压力已降至常压为宜。此时罐头有一部分余热，利于罐面水分的继续蒸发，使罐头不易生锈。

9. 保温

将冷却后的罐头在保温仓库内(37±2 ℃)贮存 7 天左右。

10. 检验

检验是否有胀罐、平盖酸败、硫化黑变、霉变等罐藏质量问题。

11. 擦罐、贴标签、装箱

将冷却后的罐头擦干，经敲检合格后贴上标签并装箱。

12. 入库

罐头的贮存温度为 10～15 ℃，应避免仓库温度的剧烈变化。库房宜干燥通风，有较低的湿度，保持相对湿度 70%～75%，不超过 80%。罐瓶要码成通风垛；库内不要堆放具有酸性、碱性及腐蚀性的其他物品，罐头不能放于强光下暴晒。

(三)注意事项

(1)注意选择成熟度适中的优质黄桃，成熟度低的桃子酸度高，糖酸比值小，风味差，对成品色泽的影响大。

(2)以蒸汽去皮较碱液去皮色泽更好、芳香味更浓，特别是白桃，但水蜜桃及冷藏的桃和未成熟的桃，不宜蒸汽去皮。

(3)装罐前的空罐应先清洗干净，再用蒸汽或热水消毒，消毒后不宜放太久，以防微生物、杂质二次污染。

(4)桃罐头的酸度，开罐后最好平衡在 0.2%～0.3%，装罐前桃肉含酸量低的品种，应在糖水中加入适量的柠檬酸。

(5)以碱液去皮，对碱液浓度、温度及淋碱时间，应根据原料成熟度来定，淋碱后立即用清水冲洗黏附碱液，随后迅速预煮透，以抑制酶活性，预煮水时可加 0.1%的柠檬酸(pH 值在 5 以下)，以防变色。

(6)成熟度高的软桃，采用 100 ℃蒸汽煮 8～12 min，迅速淋水冷却撕皮，软桃杀菌时间一般较硬桃少 5 min。

(7)生产过程中应防止桃子变色，主要措施有选择原材料的品种，控制原材料的成熟度，加强原材料的处理，采用护色液护色，添加柠檬酸防止罐头食品变色，用不含硫的白砂糖等。糖水中可加入 0.02%～0.03%的维生素 C，糖水应加满，防止露出液面的桃肉变色。

(8)注意辅料的质量要求：白砂糖，干燥，纯白度在 99%以上，无异味；盐酸，工业品，含砷量不超过 0.05%；氢氧化钠，工业品，含砷量不超过 0.05%。

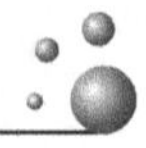

(9)罐头标签、包装标志按国家规定选择。外包装纸箱内加衬垫材料，封箱带按国家规定选择。

(10)保温检验法会造成罐头色泽和风味不符合要求，在条件允许的情况下应采用商业无菌检验法。

八、质量标准

1. 感官指标

(1)外观：容器密封良好，无泄漏、胖听现象。

(2)色泽：具有该品种罐头应有的色泽。

(3)滋味及气味：具有该品种应有的滋味和气味，无异味。

(4)组织形态：具有该品种应有的组织形态。

(5)杂质：不允许外夹杂质存在。

2. 理化指标

净含量因品种而定，所抽同批产品的样品平均净含量不低于标签标示的净含量；可溶性固形物含量、酸含量、氯化钠含量等指标因品种而异；锡(Sn)≤200 mg/kg；铜(Cu)≤1.0 mg/kg；铅(Pb)≤1.0 mg/kg；砷(As)≤0.5 mg/kg。

3. 微生物指标

符合罐头商业无菌的要求。

保质期根据各具体品种来定，一般常温保质期1年。

九、思考题

(1)对黄桃进行罐头加工预处理有哪些关键技术？

(2)为什么要对桃块进行热烫？如何掌握热烫标准？

(3)根据实际条件，自行设计黄桃罐头的制作方案。

实操要求

1. 以小组为单位，各小组提交实验方案，可以选择不同的原料进行实验。

2. 采购原、辅料，分配用具，组内分工，清洗设备及器具。

3. 填写黄桃罐头制作关键操作要点表(表1-2)。

表1-2　黄桃罐头制作关键操作要点表

产品名称	原料质量	预处理后质量	自身含糖量	糖液浓度	每罐果肉量	每罐糖液量	开罐糖度

4. 完成实验任务单的填写。

5. 完成成品分析单的填写。

实验二　制作蘑菇罐头

蘑菇滋味鲜美，营养丰富，被称为营养保健食品。蘑菇罐头是蘑菇销售的主要途径，是我国传统的出口商品之一。

一、实验认知

(1)实验学时：4。

(2)实验类型：验证性实验。

(3)实验要求：必修。

二、实验目的

(1)通过蘑菇罐头制作实验，加深对低酸性食品的罐藏原理、工艺流程的理解。

(2)通过实验掌握蔬菜罐头制作关键技术。

三、实验内容

制作工序：原料选择分级、盐水浮选、预煮漂洗、复选、配汤、装罐、排气、密封、杀菌、冷却。

品质分析：分析原料品质与产品质量的关系、护色措施、杀菌与保藏的关系。

四、实验原理

经过灌装、排气、密封、杀菌、冷却，杀灭了有害微生物的营养体，残留的微生物芽孢在无氧的状态下无法生长活动，钝化了酶的活性，从而使罐头内的蔬菜保持相当长时间的商业无菌状态。

五、实验方式

本实验采用集中授课、分组实验的形式开展。小组间协作，组内、组间人员互评，教师点评。

六、实验条件

实验设备：清洗机、护色冷却机、预煮机、筛选机、切片机、配汤机、排气封罐机、封口机、不锈钢夹层锅、杀菌冷却机。

实验器皿：四旋瓶(已消毒)、灭菌锅、盆、盘、不锈钢锅、汤匙、波美表、天平、台秤等。

实验材料：蘑菇、盐、焦亚硫酸钠、柠檬酸。

七、实验步骤

(一)工艺流程

原料选择→护色处理→预煮→分选、修整、分级→配汤→装罐→密封→杀菌、冷却→检验。

(二)操作要点

1. 原料选择

选择的蘑菇色泽呈淡黄色、浅淡黄色或褐色。

组织柔嫩且有弹性,大小大致均匀。不能有斑点、土根、开伞、畸形、虫害、红泥斑等缺陷菇。

2. 护色处理

蘑菇采收后,切除带泥根柄,立即浸于清水或0.6%的盐水中。采摘和运输过程中严防出现机械伤;采收后若不能在3 h内快速加工,则必须用0.6%的盐水浸泡;或者用0.03%的焦亚硫酸钠溶液洗净后,浸泡运输,防止蘑菇露出液面。

3. 预煮

蘑菇洗净后,放入夹层锅中,以0.1%的柠檬酸液沸煮6~10 min,以煮透为准,溶液与蘑菇的容量之比为1.5∶1。预煮后立即将蘑菇捞起,急速冷透。

4. 分选、修整和分级

分选有整只装和片装两种。

(1)分选。颜色淡黄,具有弹性,菌盖形态完整,修削良好的蘑菇,以整只装,并按不同级别分开装罐,同一罐中的蘑菇色泽、大小、菇柄长短大致均匀。片装的蘑菇,同一罐中片的厚薄较均匀,片厚为3.5~5.0 mm。不规则的片块,作为碎片菇。

(2)修整、分级。泥根、菇柄过长或起毛的蘑菇,病虫害菇,斑点菇等应进行修整。修整后不见菌褶的可作整只菇或片菇。凡是开伞(色泽不发黑)脱柄、脱盖、盖不完整及有少量斑点的作为碎片菇。生产片菇宜用直径19~45 mm的大号菇,分为18~20 mm、20~22 mm、22~24 mm、24~27 mm、27 mm以上及18 mm以下六个级别。装罐前必须将菇淘洗干净。

5. 配汤

盐水浓度为2.3%~2.5%,在沸盐水中加入0.05%的柠檬酸,过滤。盐液温度不低于90 ℃。汤汁配置见表1-3。

表1-3 蘑菇罐头盐水浓度配置表 单位:克

水	5%~6%白米醋	白糖	食盐	柠檬酸	冰乙酸	合计
100	13	14	2.5	0.5	0.4	130.4

6. 装罐

空罐清洗后经90 ℃以上热水消毒,沥干水分再进行装罐。

净含量及固形物含量:整装菇不低于60%,碎装菇不低于70%。氯化钠含量为0.5%~1.5%。

装罐量(蘑菇重):175~185 g。

7. 密封

封口时罐内中心温度在80 ℃以上,以0.03~0.04 MPa真空度抽真空封口。

8. 杀菌、冷却

蘑菇罐头宜采用高温短时杀菌的方法。这样开罐后汤汁颜色较浅,菇色较稳定,组织也好,空罐腐蚀程度轻。罐的杀菌温度121 ℃。杀菌后反压降温,冷却至38 ℃左右。

9. 检验

每天应抽 3～5 罐进行检验，pH 值应按菇汤比例捣碎后测定。每天还应按商业无菌要求抽样保温检查，一般要求延长 4 天保温后，其颜色、风味、真空度和 pH 值不能有改变。

(三)注意事项

蘑菇在采收、运输和加工过程中，必须最大限度地减少露空时间，加工流程越短越好。严格防止蘑菇与铁、铜等金属接触，避免长时间在护色液或水中浸泡。

灌汤汁时，每瓶慢慢加入 80 ℃以上的热汤汁，搅拌时应注意避免调料外溢，瓶口不能有调料，防止瓶盖密封时夹料。

采用机器封口，注意瓶口不得卡带调料，以免影响密封。

八、质量标准

1. 感官指标

(1)颜色：整只装蘑菇呈淡黄色，片装和碎片蘑菇呈淡黄色或淡灰黄色，汤汁较清。

(2)滋味及气味：有鲜蘑菇的滋味和气味，无异味。

(3)组织形态：整只装蘑菇略有弹性，大小大致均匀，菌盖形态完整，允许少量蘑菇有小裂口，无严重畸形蘑菇，同一罐内菌柄长短大致相近。片状装蘑菇纵切，厚薄为 3.5～5 mm。同一罐内蘑菇厚度较均匀，允许出现少量不规则蘑菇片和碎屑；碎片装蘑菇由不规则的碎片或块组成。

2. 理化指标(表 1-4)

表 1-4　蘑菇罐头理化指标

罐　　型		314 mL
净重(g)		280
固重	蘑菇重(g)	170
	调味料重(g)	20±5
盐度(%)		1.0±0.2
总酸度(%)		0.65±0.15
pH		3.6±0.3
折光(%)		8±1.5
SO_2 ppm		<20

3. 微生物指标

应符合罐头食品的商业无菌要求。

九、思考题

比较蔬菜罐头和水果罐头在生产中的异同点。

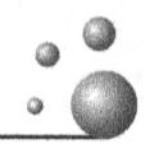

实操要求

1. 以小组为单位，各小组提交实验方案。

2. 各小组采购原辅料、分配器具、清洗设备及器具。

3. 填写蘑菇罐头制作关键操作要点表(表1-5)。

表 1-5　蘑菇罐头制作关键操作要点表

产品名称	原料质量	预处理后质量	级别	盐液量	盐液浓度	每罐盐液量	开罐浓度

4. 完成实验任务单的填写。

5. 完成成品分析单的填写。

生活链接

家庭自制黄桃罐头

自制水果罐头，无防腐剂，健康绿色。黄桃季节性较强，很多家庭会在旺季时将新鲜黄桃制作成黄桃罐头，这样一年四季都能品尝到美味的黄桃。

下面分享一种常见的家庭自制黄桃罐头方法。

主料：黄桃 2 kg，白砂糖 250 g，冰糖 50 g。

辅料：水适量。

制作过程如下：

(1)选择无破损、个大、新鲜、水分充足、色黄、成熟度在 8.5 左右的黄桃。

(2)黄桃洗干净后削去外皮，去掉果核。每个黄桃分成 3 或 4 块。

(3)将去核、去皮、切分好的黄桃块放入锅内，加上白砂糖腌制片刻，析出桃子中的水。

(4)将析出一部分汁水的黄桃块入锅用小火煮，为避免汁水太少导致糊底，可加入少许水。

(5)加入少量冰糖，这样煮出来的罐头汤汁比较浓稠。

(6)煮 30 min 左右后，黄桃块会变得很软，有浓郁的果香。

(7)玻璃瓶洗干净，冷水入锅，烧开后煮 5 min，杀死细菌。煮过的黄桃晾至温热时装进玻璃瓶，趁热盖上盖子，倒扣一定时间。一般来说，黄桃罐头可以常温存储一段时间。

任务二　制作果蔬干

果蔬干制品具有良好的保藏性，能较好地保持果蔬原有的风味。干制又称干燥或脱水，是采用一定的手段蒸发果蔬中的水分的工艺过程，包括自然干制(晒干、风干、阴干等)和人工干制(如烘干、热空气干燥、真空干燥、真空冷冻干燥等)。干制设备可简可繁,干制工艺容易掌握,成品体积小、质量轻、易包装,运输方便,可以调节果蔬淡旺季的生产与销售,利于全年供应,适用于勘测、航海、旅行、军用等方面。近些年,由于干制技术的不断提升(如冷冻干燥、红外线干燥、微波干燥的应用),较大限度地保存了果蔬的营养价值、色香味形。果蔬干成为人们休闲、娱乐的零食。

实验一　制作苹果干

果干是水果经拣选、洗涤等预处理后,脱水至水分含量为15%～25%的制品。果干体积为鲜果的11%～31%,重量为鲜果的10%～25%,可显著地节省包装、贮藏和运输费用,且食用和携带方便。由于含水量低,果干的营养比例相对更高。果干能在室温条件下久藏,食用方便。

果干多种多样,常见的如猕猴桃干、香蕉干、榴莲干、芒果干、杏干、枣干等。苹果是最常见的水果之一,果实呈球形,有红色、黄色和绿色之分,味甜,口感爽脆,营养丰富,且易被人体吸收,具有提高人体免疫力、提神、安眠等作用,有“智慧果”“记忆果”的美称。苹果是世界四大水果之冠。将苹果进行洗涤、去皮、热烫、护色等预处理后,采用各种干燥技术将苹果内的水分蒸发掉,外形及颜色不发生变化,从而得到含水量在5%左右的制品,即为苹果干。它不含色素,无防腐剂,富含纤维,是纯天然的休闲食品。

一、实验认知

(1)实验学时:4。

(2)实验类型:验证综合性实验。

(3)实验要求:必修。

二、实验目的

(1)通过苹果干的制作实验,加深对水果干制作原理的理解。

(2)掌握干制工艺技术。

(3)通过实验认识各种不同的干制方法对食品品质的影响。

(4)掌握水果干制加工中常见质量问题的处理方法。

三、实验内容

原料选择、清洗、去皮去核、去杂质、切分、热烫、沥水、干燥、复水、称重、评价。比较不同干制方法的特点,根据不同原料的特点、实验条件,选择不同的干制方法。

四、实验原理

通过干制,减少水果中的水分,降低水分活度,提高可溶性物质的浓度,从而抑制微生物的生长,使水果本身所含酶的活性也受到抑制,达到长期保存的目的。

五、实验方式

根据本实验的特点先集中授课,再以组为单位分组进行实验,不同的组可以适当改变果

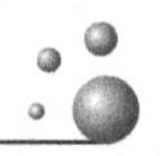

块切分的大小及形态，选择不同的干制方法，最终成品的质量由指导教师评定。

六、实验条件

材料：苹果、食盐、亚硫酸氢钠。

设备及用具：干燥箱、包装机、削皮刀、砧板、切刀、不锈钢盆和锅等。

七、实验步骤

(一)工艺流程

原料选择→清洗、切分→浸硫→烘干→均湿→选片→包装贮藏。

(二)操作要点

1. 原料选择

选择新鲜饱满、品质良好、八成熟以上、种子呈褐色、组织不萎缩、无霉烂、无畸形、无冻伤、无病虫害及无严重机械伤的苹果。

2. 清洗、切分

以流动的水洗净果实上的残留物及杂质，机械或人工削去果皮。切开后挖除果心，投入1%的食盐水中，以免变色。

将苹果切成橘囊形、片形、环形片等后投入盐水中。

3. 浸硫

配制0.5%的亚硫酸氢钠溶液，将切好的苹果投入，浸泡约10 min，另取一部分苹果不经亚硫酸氢钠处理作对照。

4. 烘干

苹果浸泡完毕取出沥干后即可铺盘，果肉以不叠压为原则，装好后放入烘干机烘干，温度在60～70 ℃之间，也可置于日光下晒干，干燥程度适宜的苹果干，手紧握不粘连且富有弹性，含水量约为20%，干燥率为6∶1～8∶1。可根据实验室条件选择微波干燥、冷冻干燥、远红外线干燥等方法。

5. 均湿

干燥后的苹果干堆积于一处。经1～2天后，可使成品含水量一致。

6. 选片

干燥好的苹果干要进行人工挑选和修整，主要是对果肉上残留的籽巢、果皮、机械伤疤、斑点、病虫害进行修整，将果肉中的水片(不干片)、糊片、碎片、脏片剔除，并去除杂质。

7. 包装贮藏

经化验、检查合格的脱水苹果，装在玻璃瓶和复合包装袋中。根据实验室的实际状况，可以采取真空包装、充气包装或其他包装形式。

苹果干需要储存在光线较暗、干燥、低温的地方，贮存温度越低，则保质期越长。最好温度保持在0～2 ℃，不要超过10 ℃，注意防潮、防雨、防虫鼠咬。

(三)常出现的质量问题及控制

水果干制中会出现霉变、产生异味、不能久存等现象。在干制时应保持通风，降低温度，防止细菌产生及繁殖。制作的器皿一定要清洗干净，最好选用不锈钢的器皿。存放时分包，在低温、阴凉处存储。

八、质量标准

苹果干鲜亮，具有本品固有的色泽，切边褐变轻微。具有本品固有的气味和滋味，无异味。无虫、霉菌等，含水量低于25%。

1. 色泽

脱水苹果干呈淡黄色、黄白色或青白色。

2. 滋味及气味

具有脱水苹果干应有的风味及气味，甜酸适口，无异味。

3. 组织及形态

果片呈环状；不带机械伤、病虫害、斑点；不完整片不超过10%；碎末小块不超过2%；外来杂质少于0.5%。

4. 物理指标

含水量不超过18%，硫含量不超过0.1%。

5. 保存期

自生产之日起6个月内不发生虫蛀、霉变、变色等质量变化。

九、思考题

(1)热烫的目的是什么？

(2)常见的干制方法有哪些？各有什么特点？

实操要求

1. 以小组为单位，各小组提交实验方案。
2. 采购原、辅料，清洗设备及器具。
3. 填写苹果干制作关键操作要点表(表1-6)。
4. 完成实验任务单的填写。
5. 完成成品分析单的填写。

表1-6　苹果干制作关键操作要点表

产品名称	原料重量	切分规格	热烫时间	是否护色	干制方法	含水量	包装材料

实验二　制作脱水蔬菜

脱水蔬菜又称复水菜，是将新鲜蔬菜经过洗涤、烘干等加工制作工艺，脱去蔬菜中大部分水分后制成的一种干菜。经干制的蔬菜，原有色泽和营养成分基本保持不变，既易于贮存和运输，又能有效地调节蔬菜的生产。相较于其他鲜菜，脱水蔬菜具有体积小、质量轻、味

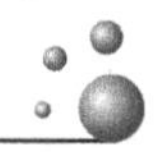

美、色鲜等特点，而且能保持原有的营养价值。脱水蔬菜入水便会复原，运输、食用方便。现阶段的脱水蔬菜主要有两种：①AD蔬菜（烘干蔬菜），由烘干脱水机制作；②FD蔬菜（冷冻脱水蔬菜），由冷冻脱水机进行脱水，较好地保持了蔬菜的外形、风味、营养价值。我国蔬菜资源丰富，品种繁多，尽管脱水蔬菜工厂化历史不久，但近几年发展迅速，国内外市场的需求量增长较快。

一、实验认知

(1)实验学时：4。
(2)实验类型：验证综合性实验。
(3)实验要求：必修。

二、实验目的

(1)掌握蔬菜干制的原理。
(2)掌握蔬菜干制工艺技术。
(3)了解原料对蔬菜干制品品质的影响。
(4)掌握蔬菜干制加工中常见质量问题的处理方法。

三、实验内容

原料选择、清洗、切分、干制、包装。比较不同干制方法的特点，根据不同原料的特点、实验条件，选择不同的干制方法。

四、实验原理

蔬菜变质主要是微生物繁殖及酶活性增加的结果，蔬菜中大量的水分及营养素是较好的培养基，只要有创伤、条件适宜，微生物及酶的活性便会增强。通过干制，可减少蔬菜中的水分，降低水分活度，提高可溶性物质的浓度，从而抑制微生物生长。同时，蔬菜本身所含酶的活性也受到抑制，可达到长期保存产品的目的。

五、实验方式

根据本实验的特点先集中授课，再以组为单位进行分组实验，不同的小组可以选择不同的蔬菜品种，同一品种可改变切分大小及形态，选择不同的干制方法，最终成品的质量由指导教师评定。

六、实验条件

材料：甘蓝、胡萝卜、洋葱、土豆、紫薯、香菇、秋葵等，硫酸氢钠，调味料。
设备及用具：不锈钢刀、案板、热风干燥箱、烤箱等。

七、实验步骤

(一)工艺流程

原料选择→清洗→去皮→切分→护色→干制→回软→包装。

(二)操作要点

1. 切分

为便于干制，将原料切分为3～5 mm宽的细条。对于胡萝卜、马铃薯之类的原料，在切分前要去皮。

2. 护色

对于甘蓝一类的绿叶蔬菜，需在干制前进行护色，用0.2%的硫酸氢钠溶液浸泡2～3 min，之后沥干水分。

3. 干制

(1)烘箱干燥。鉴于各种原料的含水量、组织致密度等不同，其干制工艺略有区别，通过干制，可使其水分含量降至6%～8%。甘蓝：装载量3.0～3.5 kg/m^2，干燥温度55～60 ℃，完成干燥需6～9 h。胡萝卜：装载量5～6 kg/m^2，干燥温度65～75 ℃，完成干燥需6～7 h。洋葱：装载量4 kg/m^2，干燥温度55～60 ℃，完成干燥需6～8 h。

(2)微波干燥。紫薯洗干净后去掉皮，切成片，吸干多余的水分，置于烤盘中，放入微波炉加热1 min，之后取出来翻面涂上蜂蜜，再加热1 min，之后根据薄厚烤适量的时间。

(3)油炸干燥。隔夜泡发香菇，锅中加水及适量的盐，将香菇放入，煮20 min左右，捞出来沥干水分。拿碗，打入鸡蛋清，筷子搅拌，加入适量的面粉和玉米淀粉，搅拌均匀，把香菇放入蛋液，锅中烧油，放入香菇炸到金黄，出锅后放上适量的椒盐。

(4)烤箱干燥。将秋葵洗净，切断，调味腌制，入烤箱200 ℃左右，烤制10～20 min。

(5)冷冻干制。冷冻干制技术适用于高价值与高附加值食品。目前，蘑菇、芦笋、葱、蒜、姜、香菜等多采用此法干制。冷冻干制前需在80～100 ℃的温度下进行几秒钟到数分钟的热烫处理，可以在水中加入盐、糖、有机酸等其他物质，以改变蔬菜的色泽和增大蔬菜的硬度。烫漂结束后应立即冷却(水冷或冰水冷)，冷却时间越短越好。冷却后，蔬菜表面会滞留一些水滴，这对冻结是不利的，容易使冻结后的蔬菜结成块，不利于下一步真空干燥。一般采用离心的方式甩干蔬菜外表面的水分。快速急冻，冻结温度一般在－30 ℃以下，为下一步真空干燥做好准备。预冻后的蔬菜放入真空容器，借助真空系统将窗口内的压力降到三相点以下，由加热系统供热，使蔬菜的水分逐渐蒸发，直到干燥。

4. 回软

将干燥后的产品，选剔过湿、过大、过小、结块的部分以及细屑等，待冷却后立即堆积起来或放在密闭容器中进行回软，使水分平衡。一般蔬菜回软需要1～3天。

5. 包装

按要求准确称量，入袋封口包装。

八、质量标准

感官指标：依原料本身颜色呈现相应色泽，无褐变，无焦糊。各种形态产品的规格应均匀一致，无粘结，具蔬菜固有的滋味和气味，无异味。

理化指标：水分含量6%～8%，总灰分(%，干)≤6%，酸不溶性灰分(%)≤1.5%，砷(mg/kg)≤0.5，镉(mg/kg)≤0.05，铅(mg/kg)≤0.2，汞(mg/kg)≤0.01，亚硝酸盐(以$NaNO_2$计)(mg/kg)≤4，亚硫酸盐(以SO_2计)(mg/kg)≤30。

微生物指标：致病菌不得检出。菌落总数(CFU/g)≤1000000，大肠菌群(MPN/100g)

≤300。

九、思考题

(1)影响干燥速率的主要因素有哪些?

(2)比较各原料干制后的形状,分析原因、影响因素及改进措施。

(3)比较各原料的复水性能,分析原因、影响因素及改进措施。

实操要求

1. 以小组为单位,各小组提交实验方案。

2. 采购原辅料,清洗设备及器具。

3. 填写脱水蔬菜制作关键操作要点表(表 1-7)。

表 1-7　脱水蔬菜制作关键操作要点表

产品名称	原料质量	切分	热烫时间	是否护色	干制方法	含水量	复水品质

4. 完成实验任务单的填写。

5. 完成成品分析单的填写。

生活链接

家庭自制果蔬干

随着生活质量的提高,休闲下午茶以及零食越来越受到大家的欢迎。人们希望摄入口感好、营养价值高,又不增肥的零食,果蔬脆片成为很好的选择。

一、原料

苹果、香蕉、猕猴桃、菠萝、无花果、紫薯、山楂等。

二、辅料

清水、糖、油、盐 。

三、操作步骤

1. 苹果脆片的做法

苹果洗干净,去掉核,切成 1.5 mm 厚度的片,每切完一片立即放入清水中,防止氧化。切完后全部从清水中取出来放在油纸上去掉果实的水分,烤箱 100 ℃循环热风烤 90 min 左右。

2. 香蕉脆片的做法

香蕉切成厚 3 mm 左右的片,铺在锡纸上,放入烤盘中,表面撒上适量的糖,放入烤箱中层 130 ℃烤 40 min,之后移到上层 100 ℃烤 5 min。

3. 猕猴桃脆片的做法

去皮后切成 4 mm 左右厚度的片，用厨房纸吸干多余的水分，100 ℃烤 90 min，烤至 40 min 时翻面。

4. 菠萝脆片的做法

菠萝洗干净后切成 8 mm 左右厚度的片，往干净的盆中倒入温水，加入适量的盐，将菠萝放入浸泡 20 min，之后捞出，沥干水分，摆好，设定温度 70 ℃，烤 6 h。

5. 无花果脆片的做法

无花果洗干净，晒干，切成薄片，平铺在盘子中，自然风干大约 5 天，夏天晒无花果，要驱赶蚊虫或者盖上透风的盖子。

6. 紫薯脆片的做法

紫薯洗干净后去皮，切成片，吸干多余的水分，放在烤盘中，放入烤炉加热 1 min，之后取出，翻面涂抹蜂蜜，再根据薄厚烤适量的时间。

7. 山楂脆片的做法

山楂洗干净切片，用筷子去核，放入烤箱，130 ℃上、下火烤 30 min，翻面，再烤 30 min。

任务三　制作糖制品

糖制品是将果蔬原料或半成品经预处理后，利用食糖（糖制用糖的种类有砂糖、饴糖、淀粉糖浆、蜂蜜等，应用最广泛的是由甘蔗、甜菜制得的白砂糖，其主要成分是蔗糖，蔗糖甜度高，风味好，色泽浅，取用方便、保藏性好）的保藏作用，通过加糖浓缩，将固形物浓度提高到 65%左右而得到的加工品。糖制品采用的原料十分广泛，绝大部分果蔬都可以用作糖制原料，一些残次落果也可以加工成各种糖制品。糖制品的种类丰富，一般食用较为广泛的为果脯蜜饯类、果酱类。果脯蜜饯类制品的特点是保持了果实或果块一定的形状，一般为高糖食品。成品含水量在 20%以上的称蜜饯，成品含水量在 20%以下的称果脯，常见的有干态蜜饯（果脯）、糖衣蜜饯（返砂蜜饯）、糖渍蜜饯、加料蜜饯（凉果）。果酱类制品的特点是不保持果蔬原来的形态，高糖且高酸，主要有果酱、果泥、果丹皮、果冻、果糕。

实验一　制作苹果脯

果脯以果蔬为原料，经糖渍煮制后烘干而成，其色泽有棕色、金黄色或琥珀色，鲜明透亮，表面干燥，稍有黏性，如苹果脯、梨脯、桃脯、沙果脯、枣脯、香果脯、青梅脯、山楂脯、海棠脯等。苹果是我国加入 WTO 之后为数不多的具有明显国际竞争力的农产品之一，我国苹果的总产量每年维持在 2200 万吨左右，已成为我国北方苹果产区的经济支柱，在推进农业结构调整、增加农民收入及出口创汇等方面发挥着重要作用。苹果脯色泽鲜亮，块形端正，果香浓郁，绵甜爽口，集色、香、味于一体，是人们喜爱的佳品。其成品表面不黏不燥，有透明感，无糖霜析出，营养丰富，含有大量的葡萄糖、果糖，极易被人体吸收利用。其还含有果酸、矿物质、多种维生素、氨基酸及膳食纤维等对人体健康有益的物质。

一、实验认知

(1)实验学时：4。

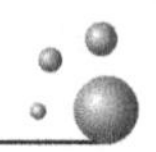

(2)实验类型:验证性实验。

(3)实验要求:必修 。

二、实验目的

(1)理解果脯制作的基本原理。

(2)掌握一次煮成法、多次煮成法加工果脯的一般操作步骤和质量控制技术。

(3)掌握护色保脆技术、低糖制品加工关键技术。

三、实验内容

原料预处理后,以一次加糖的一次煮成法或分次加糖的多次煮成法生产果脯,制作过程中应控制关键技术,如护色、保脆、煮制法、糖浓度、熟度等技术要点。注意低温长时烘干。

四、实验原理

果脯是以食糖的保藏作用为基础进行加工和保藏的。利用高糖的渗透压作用,水分活度的降低作用、抗氧化作用来抑制微生物生长发育和酶活性,提高维生素的保存率,改善制品色泽和风味。常用煮糖法和浸糖法使糖液渗入食材组织中,以达到保鲜、改善风味的目的。

五、实验方式

根据本实验的特点先集中授课,学习理论知识及实验操作工艺要点,再以组为单位分组实验,不同的组可以适当调整原料和配方,采用不同的糖制方法使糖分渗入组织,最终成品的质量由指导教师评定。

六、实验条件

1. 实验材料

苹果(也可以选择胡萝卜、红薯、冬瓜等)、白砂糖、柠檬酸、$CaCl_2$、$NaHSO_3$ 或 Na_2SO_3 等。

2. 实验设备

手持糖量计、热风干燥箱、真空渗糖锅、不锈钢锅、电炉、挖核器、不锈钢刀、不锈钢锅、台秤、天平、刀等。

七、实验步骤

(一)工艺流程

原料选择→去皮、切分、去心→硫处理和硬化→热烫→糖煮→糖渍→烘干→整形→包装。

(二)操作要点

1. 原料选择

选用果形圆整、果心小、肉质疏松、成熟度适宜、耐煮制、不易褐变的原料,如倭锦、红玉、国光等品牌的苹果以及槟子、沙果等。

2. 去皮、切分、去心

去皮(手工或机械去皮,企业大批量生产采用机械去皮)后,挖去损伤部分,将苹果对半纵切，再用挖核器挖掉果心，根茎类蔬菜（红薯、胡萝卜）去皮、切块。

3. 硫处理和硬化

将果块放入 0.1%的 $CaCl_2$ 和 0.2%～0.3%的 $NaHSO_3$ 混合液中浸泡 4～8 h，进行硫处理和硬化。若肉质较硬，则只需进行硫处理。浸泡液以能淹没原料为准。浸泡时上压重物，防止上浮。浸后捞出，用清水漂洗 2～3 次备用。胡萝卜如果糠心，则挖去芯子，切成宽 1 cm 和厚 4 cm 的长条，在 0.3%的 Na_2SO_3 溶液中浸泡 50 min。冬瓜条去皮掏瓤，切成长 8 cm、宽 2 cm、高 2 cm 的瓜条，然后在 0.5%的 $CaCl_2$ 溶液中真空渗透 30 min。

4. 热烫

热烫 15 min，然后漂洗。

5. 糖制

(1)糖煮。有三种方法：

一次性糖煮：在锅内配成与果块等重的 40%糖液，加热煮糖，倒入果块，以旺火煮沸后，添加上次浸渍后剩余的糖液 5 kg，重新煮沸。如此反复进行三次，需要 30～40 min，此时果肉软而不烂，并随糖液的沸腾而膨胀，表面出现细小裂纹。此后每隔 5 min 加蔗糖一次。保持含糖量 50%，第三、四次分别加糖至含糖量达 60%，第五、六、七次加糖至浓度达到 70%，各煮制 20 min。全部糖煮时间需 1～1.5 h，待果块呈透明状时，即可出锅。

间歇式糖煮：先低浓度糖煮一定时间，关火浸渍，再进行加糖糖煮，再冷却浸渍，如此反复，直至果块呈透明状。

快速煮制：原料→30%的糖液中煮 4～8 min→15 ℃的 30%糖液中冷却 2～3 min→40%的糖液中煮 4～8 min→15 ℃的 40%糖液中冷却 2～3 min→50 ℃的 50%糖液中煮 4～8 min→15 ℃的 50%糖液中冷却 2～3 min→60%的糖液中煮 4～8 min→15 ℃的 60%糖液中冷却 2～3 min。此法可连续进行，时间短、产品质量高，但需备有足够的冷糖液和容器。

(2)糖渍：趁热起锅，将果块连同糖液倒入容器中浸渍 24～48 h。

6. 烘干

将果块捞出，沥干糖液，摆放在烘盘上，送入烘房，在 60～66 ℃的温度下干燥至不粘手，需要烘烤 24～48 h。

7. 整形和包装

烘干后用手捏成扁圆形，剔除黑点、斑疤等，装入食品袋、纸盒，最后装箱。

八、质量标准

1. 感官指标

色泽：浅黄色至金黄色，具有透明感。

组织与形态：呈碗状或块状，组织饱满，有弹性，不返砂，不流糖。

风味：甜酸适度，具有原果风味，无异味。

2. 理化指标

总含糖量：65%～70%。

水分含量：18%～20%。

3. 微生物指标

细菌总数≤100 个/g。

大肠菌群≤30 个/g。

致病菌不得检出。

九、思考题

(1)产品若发生返砂和流糖,是何原因?如何防止?

(2)果脯制作中,烘烤温度是否应尽量高,以提高生产效率?

(3)果脯制作中常见的预处理方法有哪些?

(4)果脯制作中温度管理时应注意什么问题?

实操要求

1. 以小组为单位,各小组提交实验方案。

2. 采购原辅料,清洗设备及器具。

3. 填写苹果脯制作关键操作要点表(表 1-8)。

表 1-8　苹果脯制作关键操作要点表

产品名称	原料质量	糖制方法	糖制时间	烘干方法	干制时间

4. 完成实验任务单的填写。

5. 完成成品分析单的填写。

实验二　制作果酱

果酱是把水果与糖及酸度调节剂混合后,用超过 100 ℃的温度熬制成的凝胶物质,也叫果子酱。果酱可长时间保存。不论是草莓、蓝莓、葡萄等小型果实,还是李子、橙子、苹果、桃子等大型果实,都可制成果酱,不过调制一种果酱通常只使用一种果实。制作无糖果酱、平价果酱或特别果酱(如榴莲、菠萝)时,会使用胶体。果酱常使用的胶体包括果胶、豆胶及三仙胶。果酱含有天然果酸,能促进消化液分泌,有增强食欲、帮助消化之功效。果酱还能增加色素,对缺铁性贫血有辅助疗效。果酱含丰富的钾、锌元素,能消除疲劳,增强记忆力。婴幼儿吃果酱可补充钙、磷,预防佝偻病。果酱还是很多产品的辅助材料。如:果酱常被涂抹于面包或吐司上食用;一些原味的薯条常蘸果酱后食用;很多果味酸奶的制作中常添加果酱,有水果的味道。

一、实验认知

(1)实验学时:4。

(2)实验类型:验证综合性实验。

(3)实验要求:选修。

二、实验目的

(1)理解果酱制作的基本原理。

(2)熟悉果酱制作的工艺流程,掌握果酱加工技术。

(3)通过果酱的制作,掌握胶凝原理及质量控制技术。

三、实验内容

原料去皮、切分、去核、预煮、打浆、配料浓缩、装罐、杀菌和冷却。分析影响成品质量的因素,在实验操作中严格控制要点,防止出现糊锅等现象,提高产品质量。

四、实验原理

果酱是以食糖的保藏作用为基础进行加工的。利用高糖渗透压作用,水分活度降低作用、抗氧化作用来抑制微生物的生长发育和酶的活性,提高维生素的保存率,改善制品的色泽和风味。利用高度水化的果胶在糖酸的作用下由溶胶变成凝胶。

五、实验方式

根据本实验的特点、要求和具体条件,采用集中授课的形式,将果酱的理论知识及实操中的关键点进行讲解,学生以小组为单位,集中实验,以组间比较、组内合作的形式完成实验。

六、实验条件

1. 实验材料

苹果、山楂、柠檬酸、白砂糖、食盐等。

2. 设备

手持糖量计、打浆机、不锈钢锅、电炉、过滤筛、不锈钢刀、不锈钢锅、台秤、天平、四旋瓶等。

七、实验步骤

(一)苹果酱的制作

1. 配料

苹果 2000 g,水 600 g,白砂糖 2080～2600 g,柠檬酸 5 g,果胶 5 g。

2. 工艺流程

原料选择→去皮→切半、去心→预煮→打浆→浓缩→装瓶→封口→杀菌→冷却。

3. 操作要点

(1)原料选择。选用新鲜饱满,成熟度适中,风味良好,无虫、无病的果实,罐头加工中的碎果块也可使用。

(2)去皮、切半、去心。用不锈钢刀手工去皮,切半,挖净果心、果实去皮后用 1%的食盐水护色。

(3)预煮。在不锈钢锅内加适量水,加热软化 15～20 min,以便于打浆。

(4)打浆。用打浆机打浆。

(5)浓缩。果泥和白砂糖的比例为1∶0.8～1,并添加0.1%浓度的柠檬酸。先将白砂糖配成75%的浓糖浆煮沸过滤备用。按配方将果泥、白砂糖置于锅内,迅速加热浓缩。在浓缩过程中不断搅拌,当浓缩至酱体可溶性固形物达60%～65%时即可出锅,出锅前加入柠檬酸,搅匀。

(6)装瓶。以250g容量的四旋瓶作容器,瓶应预先清洗干净并消毒。装瓶时酱体温度保持在85 ℃以上,并注意防止果酱沾染瓶口。

(7)封口。装瓶后及时手工拧紧瓶盖。瓶盖、胶圈均应经清洗、消毒。封口后应逐瓶检查封口是否严密。

(8)杀菌、冷却。采用水杀菌,升温时间5 min,沸腾(100 ℃)下保温15 min之后,产品分别在65 ℃、45 ℃的热水和凉水中逐步冷却到37 ℃以下。

4.质量标准

(1)感官指标。具体如下:

色泽:酱红色或琥珀色。

组织状态:均匀一致,酱体呈胶粘状,不流散,不分泌汁液,无糖晶析出。

风味:含酸量以pH值在2.8以上,以3.1左右为佳,酸甜适口,具有适宜的苹果风味,无异味。

(2)理化指标。总含糖量不低于50%,可溶性固形物含量不低于65%。铜含量≤10 mg/kg,铅含量≤2 mg/kg,锡含量≤200 mg/kg。

(3)微生物指标。大肠菌群近似值≤6个/100克,菌群总数≤100个/克,致病菌不得检出。

(二)山楂酱的制作

1.配料

山楂2000 g,水1000 g,白砂糖3000 g。

2.工艺流程

原料选择→清洗→软化→打浆→浓缩→装瓶→密封→杀菌→冷却。

3.操作要点

(1)原料选择。选用充分成熟、色泽好、无病虫的果实。一些残次山楂果实、罐头生产中的破碎果块以及山楂汁生产中的果渣(应搭配部分新鲜山楂果实)等也可用于生产山楂酱。

(2)清洗。对果实用清水漂洗干净,并除去果实中夹带的杂物。

(3)软化、打浆

将山楂果实和水置于锅中加热至沸腾,然后保持微沸状态20～30 min,将果肉煮软至易于打浆为止。果实软化后,趁热用打浆机打浆1～2次,除去果梗、核、皮等杂质,即得山楂泥。山楂核较坚硬,打浆时加料要均匀。

(4)浓缩

山楂泥和白砂糖按1∶1的比例配料。先将白砂糖配成75%的糖液并过滤,然后与山楂泥混合入锅。浓缩时要不断地搅拌,防止焦糊。浓缩至果酱的可溶性固形物达65%以上,或用木板挑起果酱呈片状下落时,或果酱中心温度达105～106 ℃时即可出锅。如果果酱酸度不够,可在临出锅前加一些柠檬酸进行调整。

(5)装瓶、密封。装瓶要趁热,保持酱温在85 ℃以上,装瓶不可过满,所留顶隙以3 mm左右为宜。装瓶后立即封口,并检查封口是否严密。瓶口若粘附有山楂酱,应用干净的布擦净,避免贮存期间瓶口发霉。

(6)杀菌、冷却。5 min内升温至100 ℃,保温20 min,杀菌后,分别在65 ℃、45 ℃和凉水中逐步冷却至37 ℃以下,尽快降低酱温。冷却后擦干瓶外水珠。

八、质量标准

1. 感官指标

色泽:酱体呈红色或红褐色。

组织状态:均匀一致,酱体呈胶粘状,不流散,不分泌汁液。

风味:具有山楂酱应有的酸甜风味,无异味,无杂质。

2. 理化指标

总含糖量不低于50%,可溶性固形物不低于65%,铜小于或等于10 mg/kg,铅小于或等于2 mg/kg,锡小于或等于200 mg/kg。

3. 微生物指标

大肠菌群近似值≤6个/100克,菌群总数≤100个/克,致病菌不得检出。

九、思考题

(1)观察不同浓缩时间果酱质量及保存期的变化。

(2)为何果酱从出锅到封口要求在20 min内完成,且酱温保持在85 ℃以上?

(3)预煮软化时为何要求升温时间要短?

(4)果酱产品发生汁液分离是何原因?如何防止?

实操要求

1. 以小组为单位,各小组提交实验方案。

2. 采购原辅料,清洗设备及器具。

3. 填写苹果酱或山楂酱制作关键操作要点表(表1-9)。

表1-9 苹果酱或山楂酱制作关键操作要点表

产品名称	原料质量	热烫时间	打浆	糖液浓度	浓缩时间	杀菌

4. 完成实验任务单的填写。

5. 完成成品分析单的填写。

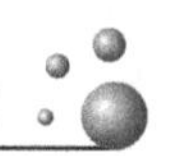

实验三　制作果冻

果冻是一种甜食，呈半固体状，亦称啫喱，外观晶莹，色泽鲜艳，口感软滑，是以水、白砂糖、卡拉胶、魔芋粉等为主要原料，经溶胶、调配、灌装、杀菌、冷却等多道工序制成的美味食品。目前国内果冻行业不使用明胶，卡拉胶、魔芋粉等胶粉在果冻中的占比一般约为1%，占总成本约5%。大多数果冻中使用的是海藻胶，这是一种天然食物添加剂，在营养学中，把它叫作可溶性膳食纤维，可以增加肠道的湿润度，改善便秘。一些果冻中还加入了低聚糖，有调节肠道菌群、增加双歧杆菌、增强消化吸收功能、减少患病概率的作用。

一、实验认知

(1)实验学时：4。
(2)实验类型：验证性实验。
(3)实验要求：选修。

二、实验目的

(1)了解果冻凝胶原理。
(2)掌握果冻制作工艺和操作要点。

三、实验内容

原料榨汁、凝固剂添加、灌装、冷却，明确凝固剂及工艺条件与产品品质的关系。

四、实验原理

利用增稠剂改善食品的物理性质或组织状态，增加食品的黏度，赋予食品爽滑适口的舌感。经优化配方及工艺条件，加热后即可在包装内形成具有一定弹性和形状的凝胶体。

五、实验形式

根据本实验的特点、要求和具体条件，采用集中授课的方式，将果冻的理论知识及实操中的关键点进行讲解。学生以小组为单位，集中实验，以组间比较、组内合作的形式完成实验。

六、实验条件

材料：杨梅、草莓、夏橙、西瓜、白砂糖。
仪器：加热锅、打浆机、电子天平、温度计、塑料盒、电炉、过滤筛(80目左右)、勺子、漏瓢、台秤、冰箱、手持测糖仪、菜刀、菜板等。
试剂：琼脂粉、黄原胶、魔芋精粉、酸性羧甲基纤维素、柠檬酸、苯甲酸钠。

七、实验步骤

1.工艺流程
原料选择→去皮、破碎→榨汁→过滤→调配→杀菌→灌装→冷却→质量评价。

2. 操作要点

(1)原料选择。剔除病虫果、未熟果、碰伤果、破裂果和腐烂果等不合格果实及枝、叶、草等杂物，然后洗涤清除水果原料表面的泥沙、尘土、虫卵、农药残留，减少微生物污染。

(2)去皮、破碎。机械或手工去皮后，将果实破碎，进行榨汁。

(3)榨汁、过滤。手工或机械榨汁后测定果汁的糖、酸含量及 pH 值等理化指标。榨取的汁液应先粗滤，以去除汁中分散和悬浮的粗大果肉颗粒、果皮碎屑、纤维素及其他杂质。粗滤常用筛滤法，用不锈钢平筛、回转筛或振动筛，筛网孔径 40～100 目(0.50～0.25 mm)，也可用滤布(尼龙、纤维、棉布)粗滤。

(4)调配：

a. 原汁 10%～20%，蔗糖 12%，柠檬酸 0.2%，琼脂粉 1%。

b. 原汁 10%～20%，蔗糖 12%，柠檬酸 0.2%，琼脂粉 0.6%，魔芋精粉 0.2%，黄原胶 0.15%。

c. 原汁 10%～20%，蔗糖 12%，柠檬酸 0.2%，琼脂粉 0.6%，魔芋精粉 0.3%。

d. 原汁 10%～20%，蔗糖 12%，柠檬酸 0.2%，黄原胶 0.1%，羧甲基纤维素 0.1%。

e. 原汁 10%～20%，蔗糖 12%，柠檬酸 0.2%，魔芋精粉 0.6%，黄原胶 0.4%。

f. 原汁 10%～20%，蔗糖 12%，柠檬酸 0.2%，羧甲基纤维素 0.4%，海藻酸钠 0.4 %。

加入以上配料后，用纯净水补至 500 mL，搅拌均匀，调配好的料液 pH 值为 3.0～3.5；调配顺序为：糖的溶解与过滤→加果蔬汁→调整糖酸比→加稳定剂、增稠剂→加色素→加香精→搅拌、均质。

(5)杀菌。普遍采用 93±2 ℃、保持 15～30 s 的瞬时杀菌工艺，特殊情况时采用 120 ℃以上温度、保持 3～10 s 的超高温瞬时杀菌工艺，亦可用 95 ℃水浴杀菌 8～10 min。

(6)灌装、冷却。把混合杀菌后的汁液注入包装盒内，每盒重 250g，封口。立即放入冰箱中冷却。

(7)质量评价。对果冻的色、香、味进行感官评价。

八、质量标准

果冻的感官质量标准：白色或淡黄色，具有果冻特有的香气和滋味，块型完整，硬度适中，质地细嫩，有弹性，无杂质。

九、思考题

(1)果冻制作的操作过程中有哪些注意事项？

(2)以不同配方制作的果冻有何不同？

实操要求

1. 以小组为单位，各小组提交实验方案。

2. 采购原辅料，清洗设备及器具。

3. 填写果冻制作关键操作要点表(表 1-10)。

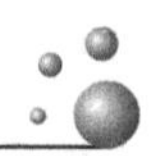

表 1-10　果冻制作关键操作要点表

产品名称	原料配比	榨汁	调配	杀菌	冷却

4. 完成实验任务单的填写。

5. 完成成品分析单的填写。

任务四　制作速冻果蔬

速冻是一种快速冻结的低温保鲜法。所谓速冻果蔬，就是将经过处理的果蔬原料，采用快速冷冻的方法，使之冻结，然后在－20 ℃～－18 ℃的低温下保存待用。速冻保藏能最大限度地保存果蔬原有的自然形状和风味，在贮藏期间，果蔬的色、香、味和维生素没有显著变化。果蔬速冻，从加工、保藏到运输、销售都要有制冷装置(冷藏链)，总的能源消耗较其他加工方法多，因而产品成本高。

实验一　制作速冻甜糯玉米

随着我国经济的发展和人民生活水平的逐步提高，人们对食品的消费观念也发生了变化，逐渐向营养与健康方向转变。食用玉米有益健康已经成为人们的共识，由此鲜食玉米的需求量也大大增加，从而带动了鲜食甜糯玉米产业的迅猛发展。甜糯玉米是一种优良的玉米品种，熟食口感香、甜、黏，具有较好的适口性，且营养丰富，内含人体可吸收的粗纤维、蛋白质、维生素 C，以及多种氨基酸和人体需要的钙、铁、锌、磷、钾等微量元素，食用消化率也较普通玉米高 20%以上，近年来市场需求量增长很快。甜糯玉米属于季节性食品，不耐储藏，可将甜糯玉米进行速冻加工，长期冷藏保鲜，提高其生产效益，满足大众需求。

一、实验认知

(1)实验学时:4。

(2)实验类型:验证综合性实验。

(3)实验要求:选修。

二、实验目的

(1)理解速冻的基本原理。

(2)熟悉速冻果蔬制作的工艺流程，掌握速冻果蔬的加工技术。

三、实验内容

把黄色甜糯玉米在最佳采收期进行采收，经去皮、清洗、去霉、蒸煮、速冻、包装等生产工艺，可加工制作成速冻甜糯玉米。

四、实验原理

速冻是运用现代冻结技术，在尽可能短的时间内，将食品温度降低到其冻结点以下。在－35 ℃左右的低温条件下快速冷冻后，食材细胞内外水分同时形成小的冰晶，对细胞造成的损伤较小，抑制了酶和微生物的作用，可以保持鲜食玉米良好的质地、外观、口感及其独特的香味和营养价值，最大程度地保持食品的天然品质。

五、实验形式

根据本实验的特点、要求和具体条件，采用集中授课的方式，学生集中实验，以小组为单位，以组间评比、组内合作的形式完成实验。

六、实验条件

(1)材料：甜糯玉米、食盐。

(2)设备：剥皮机、蒸煮锅、喷淋机、刀、不锈钢锅、速冻设备、不锈钢盆、清洗池。

七、实验步骤

(一)工艺流程

原料采收→去苞叶、花丝→切根、尖，分级→清洗→热烫→蒸煮→冷却→速冻(冻结)→包装→冷藏→检验→冷链控制。

(二)操作要点

1. 原料采收

采收老嫩、粗细适中，籽粒饱满，无虫眼，无杂化，无污染，无霉变，无水粒，无红轴，从采摘到加工时间不超过 6 h 的糯玉米穗(棒)。

2. 去苞叶、花丝

剥开苞叶，掰除鲜玉米青穗(棒)径端，采用手工或机械方法去除鲜糯玉米青穗(棒)的花丝，花丝必须除净，否则会影响产品的外观质量。同时去除虫蛀、发霉、腐烂、缺粒、杂色、粒与粒行距过大和成熟度过高或过低的原料，要求无苞叶碎片、无花丝。可以将去除苞叶、花丝的玉米棒放入浓度为 1%～1.5%的食盐溶液中浸泡 30 min，达到调味、驱虫和冷却的作用。

3. 切根、尖，分级

玉米一般按照籽粒色泽、饱满程度、穗型尺寸进行分级。待加工的整穗鲜糯玉米青穗(棒)要求不秃尖、不秃尾，整体无虫蛀、缺粒，籽粒排列整齐均匀。采用机械修整玉米尖尾，达到长度标准。按整穗长度进行分级，长度在 23 cm 以上的为一级，长度在 18～22 cm 的为二级，长度在 18 cm 以下的为三级。也可以人工去皮，须用刀切根、尖。

4. 清洗

在清洗池中使用清水彻底清洗玉米，去除玉米表面的切割碎屑及污物，降低农药残留量。在加工过程中，应对清洗水质进行监测，按照投料量及时更换清洗池水。

5. 热烫

热烫能破坏玉米组织中酶的活性，杀死部分微生物，排除玉米组织中的部分气体，使组

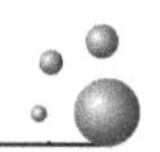

织收缩，减少破损粒。一般热烫温度为 90～98 ℃，时间为 10 min 左右。

6. 蒸煮

较高的蒸煮温度，能够杀灭全部或大部分玉米表面的微生物和虫卵，提高产品质量。预煮后的玉米进入蒸汽隧道蒸煮 15～20 min，使玉米充分熟化。蒸煮时间不宜过长，超过 25 min，会使玉米质地过于软烂，色泽变深，影响外观，损失营养成分。

7. 冷却

蒸煮后的玉米要立即低温冷却，以快速散去热量；否则，会使玉米颜色变暗、干耗增大，同时也给微生物繁殖提供了条件。及时冷却还可以有效防止玉米籽粒脱水，提高产品口感。冷却时，先使用冷却水喷淋，使玉米的温度由 90 ℃降到 40 ℃以下，紧接着采用风冷除去玉米上的水分，防止冻结时因表面水分过多而结冰，使玉米粒间粘结，从而影响外观和玉米的质量。也可以将蒸煮后的玉米置于温度为 1～5 ℃的预冷间预冷，时间为2～3 h，使玉米的中心温度降至 5 ℃以下。

8. 速冻

企业多采用流化床式速冻隧道，冻结时间为 15～30 min，糯玉米芯一定要冻透，即玉米棒的中心温度能在半小时内降低到－18 ℃下。

9. 包装、冷藏

冻结好的果穗在 5 ℃左右的低温下轻拿轻放，防治掉粒。按等级称重，采用聚乙烯食品包装袋包装后封口，贴上标签等。包装好后快速转入冷冻库（－18 ℃下）保存，温度波动要控制在 2 ℃以内。在冷库中堆码不应阻碍空气循环，产品与冷藏库墙、顶棚和地面的间隔不小于 15 cm，可安全贮藏 9～12 个月。

10. 检验、冷链控制

经检验合格的产品，才能进入运输环节。运输合格产品的厢体必须保持－18 ℃左右的温度。厢体在运输前要预冷到－10 ℃。

11. 注意事项

（1）玉米收获期籽粒的水分含量直接影响玉米加工产品的质量。籽粒的水分含量高，在加工机械剥皮时籽粒很容易被打烂，造成机械损伤，影响速冻产品品质。在保证籽粒营养品质的前提下，应尽量降低籽粒水分含量以适应机械加工。

（2）玉米的收获一般在清晨有露水时进行，上午 10 时前结束。从原料采收到入库加工的时间越短越好，并尽量在低温状态下进行。

八、质量标准

1. 感官指标

色泽：浅黄色或金黄色。

形态：玉米粒大小均匀，无破碎粒，玉米粒的切口整齐。

杂质：不得有玉米花丝、苞叶及其他杂质，包装袋内无返霜现象。

滋味、口感：用开水急火煮 3～5 min，然后品尝，应具有该玉米品种的甜味和香味，香脆爽口。

2. 理化指标

铜（以 Cu 计）≤5.0mg/kg，砷（以 As 计）≤0.5mg/kg，铅（以 Pb 计）≤1.0mg/kg。

3.卫生指标

微生物符合商业无菌要求。

九、思考题

1.速冻甜糯玉米的制作工艺有哪些要领?

2.制作速冻玉米有哪些注意事项?

实操要求

1.以小组为单位,各小组提交实验方案。

2.采购原辅料,清洗设备及器具。

3.填写速冻甜糯玉米制作关键操作要点表(表1-11)。

表1-11 速冻甜糯玉米制作关键操作要点表

产品名称	原料量	热烫时间	蒸煮时间	速冻时间	冷藏温度

4.完成实验任务单的填写。

5.完成成品分析单的填写。

实验二 制作速冻草莓

速冻水果能基本上保持水果原有的自然形状和风味;在贮藏期间,其色、香、味和维生素没有显著变化。速冻水果绝大部分用于制作其他食品,如果酱、果冻、蜜饯、点心、果汁汽水和冰淇淋等。水果原料的特性对成品的质量起着决定性的作用。用于冻结的水果,应适合冻结保藏,要求在解冻以后,能基本保持原有组织状态和脆度,且成熟适度,外观整齐,不易氧化变色。制作速冻水果常用的水果有桃、杏、梨、苹果、李、草莓、木莓、甜瓜、樱桃、芒果、菠萝、猕猴桃等。草莓是深受大众喜欢的一类浆果,营养丰富,但高水分、高营养素致使其易变质,且季节性强。企业会在产季采收后速冻草莓,再加工成其他产品。

一、实验认知

(1)实验学时:2。

(2)实验类型:验证综合性实验。

(3)实验要求:选修。

二、实验目的

(1)理解速冻的基本原理。

(2)熟悉速冻草莓制作的工艺流程,掌握速冻果蔬的加工技术。

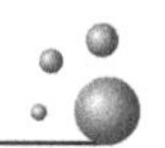

三、实验内容

挑选合适的草莓进行清洗杀菌，淋干水分，分袋速冻，存储。

四、实验原理

水果冻结后，内部的生化过程停止，由于所含水分大部分已冻结成冰，微生物无生活所必需的水分，且低温阻碍了微生物的活动和繁殖，抑制了酶的活性，因而水果能长期保藏。

五、实验形式

根据本实验的特点、要求和具体条件，采用集中授课的形式，学生集中实验，以小组为单位，通过组间评比、组内合作的形式完成实验。

六、实验条件

(1)材料：草莓、糖、维生素C。

(2)设备：清洗机、速冻设备、不锈钢盆、清洗池。

(一)工艺流程

原料选择→去蒂、除杂、消毒→清水清洗→除杂、挑选→沥水→速冻→包装→装箱封口→入库。

(二)操作要点

1.原料选择

选择果实形态端正，大小均匀，成熟度及色泽一致，籽少、无中空的草莓鲜果做加工原料。

2.清洗消毒

清洗原料，除去泥沙、叶片等碎屑，将清洗果置于0.05%～0.1%的高锰酸钾水溶液中浸泡30～60 s，洗涤8～10 min，再次转入清水池中用清水冲洗2～3次至清洗液不呈现蓝紫色为宜。人工去除鲜果上的果柄、萼片，注意不得弄破草莓，并拣除烂果、病虫害果等不合标果实，之后用清水再淘洗1次。

3.沥水称重

将经洗涤消毒的果实用塑料漏瓢捞起，盛于专用筐中沥尽水，称重。按每2 kg或5 kg把鲜果装入专用金属盘中。为防止加工过程中水分的散失，一般鲜重要多出规定重量的2%～3%。

4.调糖装盘

如果草莓酸味较重、甜度不足，通常要加入30%～50%浓度的白砂糖浸渍。也可按鲜果与糖3∶1的比例加白砂糖，均匀撒在果面，搅拌均匀后即可装盘。装盘时，摆放要均匀、松散，不得堆积，以免冻结后不易分散。

5.速冻、包装

装好盘后，应立即送入低温冷库速冻，速冻温度为－40～－37 ℃，冻结时间为30～40 min，直至果心温度为－18～－16 ℃。如果在40 min以内达不到所需低温，要调整装盘的层数或每盘内的装载量。为了保证制品质量，冷冻必须在尽可能短的时间内完成。速冻完成后，将草莓移至0～5 ℃冷却间，倒于干净的工作台上，使草莓逐个分开，分别装入专用塑料袋中。每袋 500 g 或 1000 g。用封口机封实，再装入纸箱中。

6. 全程冷藏

包装后的草莓，应立即送入室温 −20～−18 ℃、湿度为 95%～100% 的冷藏室中贮藏。严禁与其他有挥发性气味或腥味的冷藏品混藏，以免串味。速冻草莓可贮藏 18 个月。在运输过程中也必须保持冻藏状态。运输要采用冷藏车或冷藏船。批发商、零售商要用冰箱、冰柜贮藏。速冻草莓较好地保持了新鲜草莓的色、香、味、形，具有良好的市场前景。

(三)注意事项

(1)加糖是为了防止冻结时水分的大量结冰而破坏水果的组织，并防止空气的氧化作用，削弱氧化酶的活力，避免果肉变色，是保持水果品质的重要步骤。

(2)用 2%～4% 的维生素 C 溶液浸泡水果几十分钟后再进行冻结，可使速冻水果的色泽近似新鲜水果。

(3)在进行包装或单体速冻以前，应当用震荡除水装置滴干水分。

(4)水果的 pH 值为 2.5～5.0，因此预处理设备要求用不锈钢制作。

七、质量标准

1. 感官标准

色泽均匀，外形完整，具有正常草莓应有的滋味和气味，无异味。无肉眼可见杂物。

2. 理化标准

杂质(mg/kg)≤35，无机砷(以 As 计)/(mg/kg)≤0.05，铅(以 Pb 计)/(mg/kg)≤0.1，总汞(以 Hg 计)/(mg/kg)≤0.01，镉(以 Cd 计)/(mg/kg)≤0.05，食品添加剂不得检出，氯氰菊酯/(mg/kg)≤0.5，溴氰菊酯/(mg/kg)≤0.2，甲胺磷、氧化乐果不得检出。

3. 微生物指标

菌落总数(cfu/g)≤3000000，致病菌(沙门氏菌、志贺氏菌、金黄色葡萄球菌)不得检出。

八、思考题

速冻果蔬制作中应注意哪些环节？

实操要求

1. 以小组为单位，各小组提交实验方案。

2. 采购原辅料，清洗设备及器具。

3. 填写速冻草莓制作关键操作要点表(表 1-12)。

表 1-12　速冻草莓制作关键操作要点表

产品名称	原料重量	清洗	消毒	加糖量	加维生素 C 量	速冻条件

4. 完成实验任务单的填写。

5. 完成成品分析单的填写。

生活链接

家庭自制速冻野生菌

很多野生食用菌营养价值高、风味佳，还有较好的食疗作用。然而，野生食用菌很多时候只能通过野生采收，不能人工驯化，即便人工驯化，其营养价值及风味也逊色于野生品种。如何常年使用新鲜野生菌往往为大家所关注。将采收整理后的野生菌采用速冻方式能够较大程度地保留新鲜菌的营养价值及风味。

自制速冻野生菌的工艺流程为：原料选择→护色→杀菌→冷却→沥水→铺盘→速冻→封装→冻藏。

(1)原料选择。选用新鲜的野生菌，要求菌体完整，色泽正常，无严重机械损伤，无病虫害，除去泥根杂质，清洗干净。

(2)护色。可以采用异抗坏血酸钠浸泡 2～3 min 后捞起，沥干水分。

(3)杀菌。采用干法灭酶设备进行杀菌(也可以用蒸锅进行杀菌)，每次杀菌的菌量为 4 kg，干法灭酶的温度为 200～230 ℃。分两次进行干法灭酶，每次 3～4 min，其间翻盘一次，以野生菌表面温度升至 90 ℃以上为准。

(4)冷却、沥水。既可采用风冷法冷却，也可采用水淋法冷却，挤干或沥干水分。

(5)铺盘。将野生菌平铺于不锈钢盘中，应只铺一层，避免层叠。

(6)速冻。把铺盘的野生菌放入速冻设备冻结 30～40 min，使野生菌的中心温度达到 −18 ℃。

(7)封装。根据实际需求，以一袋一盘菜的标准进行封装。

(8)冻藏。将包装好的野生菌存入冻库中(冰箱冷藏柜中)，保持冻库温度−20～−18 ℃。

任务五　制作腌制蔬菜

蔬菜腌制是将食盐以及其他物质渗入蔬菜组织内，降低水分活度，提高结合水含量及渗透压，有选择地控制有益微生物的活动和发酵，抑制腐败菌生长繁殖，从而延长制品保藏期的加工方法。腌制蔬菜主要分发酵类腌制蔬菜和非发酵类腌制蔬菜，现阶段较受人们欢迎的泡菜是一种发酵类腌制蔬菜。泡菜是为了利于长时间存放而经过发酵的蔬菜。一般来说，只要是纤维丰富的蔬菜都可以被制成泡菜，如卷心菜、大白菜、红萝卜、白萝卜、大蒜、青葱、小黄瓜、洋葱、高丽菜等。泡菜主要是靠乳酸菌的发酵生成大量乳酸而不是靠盐的渗透压来抑制腐败微生物的。可用少量食盐来腌渍各种鲜嫩的蔬菜，再经乳酸菌发酵，制成一种带酸味的腌制品，只要乳酸含量达到一定的浓度，并使产品隔绝空气，就可以达到久贮的目的。泡菜中食盐的含量为 2%～4%，泡菜是一种低盐食品。制作泡菜有一定的规则，不能碰到生水或油，否则容易腐败。制作的泡菜最好在两周后食用，这时亚硝酸含量较低。若是误食遭到污染的泡菜，容易拉肚子或食物中毒。

实验　制作泡菜

一、实训认知

(1)实验学时:4。

(2)实验类型:验证性实验。

(3)实验要求:必修。

二、实验目的

(1)掌握泡菜制作工艺。

(2)掌握发酵型腌制品腌制的基本原理。

(3)掌握蔬菜发酵产品加工的关键技术。

三、实验内容

原料的选择、清洗、切分,盐液配制,分析比较不同食盐浓度下自然发酵与接种发酵产品品质的差异。

四、实验原理

蔬菜或老盐水中带有乳酸菌、酵母菌等微生物,可以利用蔬菜、盐水中的糖进行乳酸发酵、酒精发酵等,发酵后咸酸适度,味美嫩脆,不仅可增进食欲,帮助消化,且可抑制各种病原菌及有害菌的生长发育,延长保存期。腌制泡菜采用密闭的泡菜坛,可以使残留的寄生虫卵窒息而死。接种发酵可强化优势发酵菌群,加快发酵速度,增强发酵安全性。

五、实验形式

根据本实验的特点、要求和具体条件,采用集中授课的方式,学生以小组为单位,组间优化操作、组内协作,成品共享、取长补短。

六、实验条件

材料:白菜、胡萝卜、卷心菜,鲜辣椒、干辣椒,白糖或红糖,白酒、黄酒,生姜、蒜、花椒、八角、胡椒等香辛料,乳酸菌种。

注:若泡制白色泡菜(嫩姜、白萝卜、大蒜头),应选用白糖,不可加入红糖及有色香料,以免影响泡菜的色泽。

2.器皿:泡菜坛、菜刀、酸度计、小布袋(用以包裹香料),案板等。

七、实验步骤

(一)工艺流程

原料预处理→盐水配制→装坛→腌制→成品。

(二)操作要点

1.原料预处理

一般选择质地脆嫩,肉质肥厚、组织紧密而不易软化的蔬菜种类,清洗剔除有腐烂、病虫

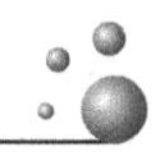

害的大白菜、卷心菜、胡萝卜等原料，白菜一般撕成一片一片，卷心菜既可以切半，也可以撕片或切分成小块，晾晒使其失水20%。

2.盐水配制

配制盐水：3000 mL水加3%～4.5%的食盐加5%的糖加2.5%的白酒加适量的花椒、八角等香料。

选用井水、泉水等含矿物质较多的硬水，若水质较软，配制盐水时可加少量钙盐[如$CaCl_2$、$CaCO_3$、$CaSO_4$、$Ca_3(PO_4)_2$等]以增加成品脆度。配制比例为：冷却的沸水1.25 kg，盐88 g，糖25 g，也可以在新盐水中加入25%～30%的老盐水，以调味和强化接种，或直接接种纯种乳酸菌发酵。

3.制作香料包

称取花椒2.5 g、大料1 g、生姜1 g，其他如茴香、草果等适量，用布包裹，备用。为了增加成品泡菜的香气和滋味，各种香料最好磨成细粉后再用布包裹，制成香料包。

4.装坛

在清洗、消好毒的菜坛内装入已经沥干水的蔬菜，装至一半时，放入香料包、干红辣椒等，再放蔬菜至距离菜坛顶部6 cm处，加入盐水将菜完全淹没，并用竹片将原料压住，或用石头压实，以免蔬菜浮出水面。水与原料的质量之比约为1∶1，然后加盖加水密封。

5.腌制

(1)入坛泡制1～2天后，由于食盐的渗透作用，原料体积缩小，盐水下落，此时应再适当添加原料和盐水，装至坛口下约3 cm为止。

(2)泡菜的成熟期。泡菜的成熟期由所泡蔬菜的种类及当时的气温而异，一般新配的盐水在夏天时需5～7天即可成熟，冬天则需12～16天才可成熟。叶类菜如甘蓝需时较短，根类菜及茎菜类则需时较长。

(三)注意事项

(1)泡菜应放在阴凉之处，保持坛口始终有水，以保证坛中不进入空气和细菌。如发现坛中有“生花”的现象，加入少许白酒即可。

(2)经常检查，保持水满状态，水少时必须及时添加。为安全起见，可在水槽内加盐水，使水槽中水的含盐量达15%～20%。

八、质量要求

泡菜质量标准应符合SB/T 10756—2012的相关规定。

1.感官要求

泡菜的感官质量要求见表1-13。

表1-13　泡菜的感官质量要求

项目	要　求
色泽	具有泡菜应有的色泽
香气	具有泡菜应有的香气，无不良气味
滋味	具有泡菜应有的滋味，无异味
体态	具有泡菜应有的形态、质地，无可见杂质

2. 理化指标

泡菜的理化指标见表 1-14。

表 1-14　泡菜的理化指标

项　　目	指　　标		
	中式泡菜	韩式泡菜	日式泡菜
固形物/(g/100g)	50		
食盐(以氯化钠计)/(g/100g)	15.0	4.0	5.0
总酸(以乳酸计)/(g/100g)	1.5		
总砷(以 As 计)/(mg/kg),≤	0.5		
铅(Pb)/(mg/kg),≤	1		
亚硝酸盐(以 $NaNO_2$ 计)/(mg/kg),≤	20		

3. 微生物指标

泡菜的微生物指标应符合 GB 2714—2015 的相关要求,见表 1-15。

表 1-15　泡菜的微生物指标

项　　目		指标
大肠菌群/(MPN/100g),≤	散装	90
	瓶(袋)装	30
致病菌(沙门氏菌、志贺氏菌、金黄色葡萄球菌)		不得检出

九、思考题

(1)泡制用水的硬度对成品质量有什么影响?

(2)影响乳酸发酵的因素有哪些?

(3)泡菜制作时常出现的问题有哪些?如何进行预防?

(4)泡菜发酵的原理是什么?腌制时如何抑制杂菌?

实操要求

1. 以小组为单位,各小组提交实验方案。

2. 采购原辅料,清洗设备及器具。

3. 填写泡菜制作关键操作要点表(表 1-16)。

表 1-16　泡菜制作关键操作要点表

产品名称	原料种类	切分	盐液配置	装坛	管理

4. 完成实验任务单的填写。

5. 完成成品分析单的填写。

模块二　烘焙食品制作工艺

在我国的饮食结构中，粮食占主导地位，它包含了人类所需的全部营养成分，将粮食经过加工制成的食品称粮食制品。生活中常见的粮食制品有面包制品、饼干制品、糕点制品、面条制品、膨化制品等。粮食制品具有对应产品的色泽、形态、香气和味感，营养丰富且易消化，产品卫生、安全，食用方便且耐贮存。

面包制品：面包也写作麵包，以小麦粉为主要原料，以酵母、鸡蛋、油脂、糖、盐等为辅料，加水调制成面团，是经过分割、成型、醒发、焙烤、冷却等过程加工而成的焙烤食品。面包的分类方法很多，按颜色可区分为白面包、褐色面包、全麦面包、黑色面包等，按国家和地区可分为英国香蕉面包、丹麦面包、法式长棍、中式面包等，按材料可分为主食面包、花色面包、调理面包等。

饼干制品：主要原料是小麦粉，再添加糖类、油脂、蛋品、乳品等辅料，根据配方调粉、整形、烘烤制成。根据配方和生产工艺的不同，可分为韧性饼干、酥性饼干、发酵饼干、薄片饼干、蛋圆饼干等。

糕点制品：糕点制品是以粮、糖、油、蛋为主要原料，配以果仁等辅料及调味料，经过调制，熟制成具有一定色、香、味、形的一种营养食品。其可分为中式糕点和西式糕点。中式糕点有京式糕点、苏式糕点、广式糕点、扬式糕点等，月饼是各糕点中的代表。西式糕点主要分为小点心、蛋糕、起酥、混酥和气古五类，蛋糕在西式糕点中占主要地位。

面条制品：面条是将面粉调成面团，先压制或抻成片，再以切或压等手段制成条状，最后经煮、炒、烩、炸而成的一种食品，是一种制作简单、食用方便、营养丰富，既可当主食又可当快餐的保健食品，早已为世界人民所接受与喜爱。面条制品现阶段大面积食用，代表产品有方便面。

膨化制品：膨化制品是以谷物、薯类或豆类等为主要原料，采用膨化工艺（如焙烤、油炸、微波或挤压等）制成体积明显增大、具有一定膨化度的休闲食品，具有组织酥脆、香味逼真、风格各异等特点，如雪米饼、薯片、锅巴、虾条、虾片、爆米花等。

任务一　制 作 面 包

面包是以小麦粉、酵母、盐、水为原料，添加油脂、糖、乳、蛋等辅料，经调粉、发酵、成型、烘烤、冷却等加工工艺而制成的具有特殊风味的焙烤食品。面包以其蓬松、柔软、细腻的质地，金黄色的外表，以及诱人的烘焙香味赢得了人们的喜爱。它是一种口味多样，易于食用、消化、吸收，营养丰富的方便主食。酵母菌在面包面团发酵阶段产生大量的二氧化碳气体，是面包内部呈海绵状的主要原因，而面包的色泽和风味则是由面包中的糖和蛋白质成分发生焦糖化反应、美拉德反应形成的。发酵和焙烤是面包生产最重要的两个工序。常见的面包制作方法主要有二次发酵法（中种法）、一次发酵法、冷藏发酵法、快速发酵法。

面包制作的全过程，无论是酵母活化，还是搅拌、发酵、压面、醒发、烘烤等，始终是以下两方面共同作用的结果：一方面是酵母利用各种营养物生长、繁殖并产气；另一方面是面粉中的面筋吸水软化及扩展形成既有一定韧性又有一定弹性和延展性的面筋网络。二者的作用同时达到高峰时，酵母产气被充分地充塞在充分软化扩展的面筋网络中，而面筋网络的强度足以承受气体膨胀的压力，不会破裂，气体不会逸出，保留在面团内，使面团充分胀起。若能有效地控制各工序条件及面粉、添加剂等各原辅料的搭配，使二者的作用尽可能达到同步，这样的面包品质更好。

实际生活中常见的面包主要有：主食面包、起酥面包（牛角包）、花色面包、甜面包、硬实面包（法棍）等。

实验一　制作主食面包

主食面包，顾名思义，是当作主食来食用的。主食面包的配方中油和糖的比例较其他产品低一些。根据国际惯例，以面粉量为基数，糖用量一般不超过10%，油脂低于6%。主食面包通常与其他副食品一起食用，所以不必添加过多的辅料。主食面包主要包括平顶或弧顶枕形面包、大圆形面包、法式面包。

一、实验认知

（1）实验学时：6。
（2）实验类型：验证性实验。
（3）实验要求：必修。

二、实验目的

（1）掌握面包制作的基本原理及操作方法。
（2）通过实验了解糖、食盐、水对面包质量的影响。

三、实验内容

面粉及其他粉质过筛，酵母活化，调制软硬适中的光滑面团，采用二次发酵法，发酵后的面团进行分割、整形、烘烤、冷却、包装。

四、实验原理

面团在一定的温度下发酵，面团中的酵母利用糖和含氮化合物迅速繁殖，同时产生大量二氧化碳，使面团体积增大，结构酥松，多孔且质地柔软。发酵次数越多，成品感官效果越好。

五、实验形式

根据本实验的特点、要求和具体条件，采用集中授课的方式，学生以小组为单位，通过组内合作、组间评比的形式完成实验。

六、实验条件

原材料：面包粉、砂糖、植物油、活性干酵母、盐、鸡蛋、面包改良剂等。

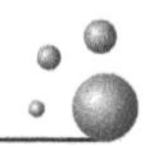

仪器设备：和面机、醒发箱、烤箱、烤盘、台秤、面盆、烧杯等。

七、实验步骤

(一)工艺流程

原、辅料处理→第一次调粉→第一次发酵→第二次调粉→第二次发酵→切分→中间醒发→造型→最后醒发→蛋液饰面(或糖液饰面)→烘烤→冷却。

(二)操作要点

1. 配方

主食面包的标准配方见表 2-1(仅供参考)。

表 2-1 主食面包标准配方

第一次调粉	百分比	实际用量	第二次调粉	百分比	实际用量
富强粉(高筋粉、面包粉)	70%		富强粉(高筋粉、面包粉)	30%	
酵母	2%		砂糖	5%	
面团改良剂	0.1%		食盐	2%	
水	40%		油脂	4%	
			水	20%	

注：采用烘焙百分比。

2. 操作步骤

(1)原、辅料处理

按实际用量称量各原、辅料，用适量水(30 ℃左右)将酵母溶解，面粉须过筛，糖、盐用水事先溶化，固体油脂须在电炉上熔化。

(2)第一次调粉

将 70%的面粉和其他材料全部加入立式打粉机中进行第一次调粉，先低速搅拌约 4 min，再高速调至面团成熟(手撕呈薄膜状)，面团温度控制在 24 ℃。

(3)第一次发酵

调好的面团以圆团状放入面盆内，在恒温恒湿发酵箱内进行第一次发酵，发酵条件为温度 27～30 ℃，相对湿度 70%～75%，发酵时间视面团大小而定，为 30～50 min，发至成熟(判断成熟与否可采用体积 2 倍法、按压不反弹不回落法或酸度检测法)。

(4)第二次调粉

将除油脂以外的所有原料同发酵结束的面团一起放入打粉机中，进行第二次调粉。先低速打粉 3 min，再高速打粉 6 min，成团后将油脂加入，再低速打粉 3 min，高速打粉 6 min，调至面团成熟(图 2-1)。

(5)第二次发酵

和好的面团取出后在室温下发酵约 20 min。

(6)切分、中间醒发

将发酵好的面团切分成 100 g/个，滚圆，放入预先刷好油的面包模中，然后放入醒发箱中醒发(中间醒发)35～45 min(图 2-2)，温度 30～40 ℃，相对湿度 85%。

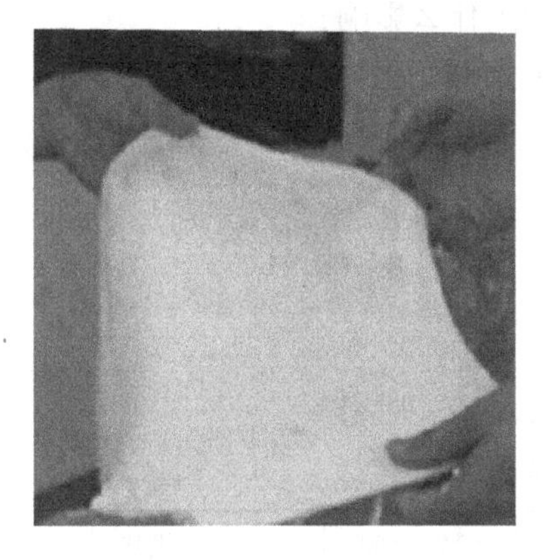
图 2-1　成熟面团

图 2-2　中间醒发

(7)造型、最后醒发

按照一定的要求调整面团的造型后，进行最后醒发。

(8)蛋液饰面(或糖液饰面)、烘烤

在醒发好的面团上刷蛋液(或糖液)，放入烤箱中。烘烤初期，烤箱的上火温度 120 ℃，下火温度 250 ℃；烘烤中期，烤箱的温度为 270 ℃；烘烤后期，烤箱的上火温度 180～200 ℃，下火温度 140～160 ℃，时间约 35 min。

烘烤温度视面包大小、配料、烤炉而定，其中一个因素改变，烘烤温度及时间都需改变。

(9)冷却。将烤熟的面包从烤箱中取出，脱膜，自然冷却后包装。

(三)注意事项

(1)调制面团既可以采用一次发酵法，也可以采用二次发酵法，甚至三次发酵法。发酵次数越多，生产周期越长。一般较多使用一次发酵法或二次发酵法。

(2)面团发酵速度与发酵温度有关，一般在温度不超过 40 ℃时的条件下，温度越高，发酵越快；面团越小，发酵越快；营养越丰富，发酵越快。

(3)烘烤温度与面包大小、面包成分、烤箱有关，应根据实际情况适当调整烘烤温度及时间。面包烤制成金黄色即可，颜色不宜过深。

(4)面包在未上色前，最好不要打开烤炉门。一般通过可视炉门观察烘烤状况，及时调整温度及出炉时间。

八、质量标准

(1)形态：完整，无缺损、龟裂、凹坑，表面光洁，无白粉和斑点。

(2)色泽：表面呈金黄色或淡棕色，均匀一致，无烤焦、发白现象。

(3)气味：具有烘烤和发酵后的面包香味，并具有经调配的芳香风味，无异味。

(4)口感：松软适口，不粘，不牙碜，无异味，无未融化的糖、盐粗粒。

(5)组织：细腻，有弹性；切面气孔大小均匀，纹理均匀清晰，呈海绵状，无明显大孔洞和局部过硬；切片后不断裂，并无明显掉渣。

九、思考题

(1)制作面包对面粉有何要求？为什么？

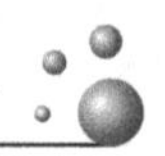

(2)面包醒发时,温度和湿度过高或过低会对产品产生什么影响?

(3)面包坯在烘烤中发生哪些物理的、微生物的和生化的变化?

实操要求

1.以小组为单位,各小组提交实验方案。

2.采购原、辅料,清洗设备及器具。

3.填写面包制作关键操作要点表(表2-2)。

表2-2　面包制作关键操作要点表

产品名称	原料配比	面团调制(次数)	醒发温度	醒发时间	烘烤

4.完成实验任务单的填写。

5.完成成品分析单的填写。

实验二　制作花色面包

花色面包的品种甚多,包括夹馅面包、表面喷涂面包、油炸面包圈等。其配方优于主食面包,辅料配比属于中等水平。以面粉量作基数计算,糖用量占12%～15%,油脂用量占7%～10%,还需要鸡蛋、牛奶等其他辅料。与主食面包相比,花色面包更为松软,体积大,风味优良,除面包本身的滋味外,尚有其他原料的风味。

一、实验认知

(1)实验学时:6。

(2)实验类型:验证性实验。

(3)实验要求:必修。

二、实验目的

(1)了解花色面包制作的基本原理及操作方法。

(2)掌握花色面包的配料比例及加配料顺序。

(3)掌握常见花色面包的造型技能。

三、实验内容

根据花色面包的配料标准,各组自行设计配方,调制面团,经面团发酵、中间醒发,制作各种各样造型美观的面坯,进行第三次发酵、蛋液饰面、烘烤、冷却、包装。

四、实验原理

面团在一定的温度下发酵,面团中的酵母利用糖和含氮化合物迅速繁殖,同时产生大量二氧化碳，使面团体积增大，结构酥松，多孔且质地柔软。造型美观的面坯经最后一次发酵，体积饱满，成品柔软。

五、实验形式

教师集中授课，梳理理论知识，分享实训操作要点。学生以小组为单位，组间配方差异化、组内协调合作，最终达到优化设计、增强团队意识、提高个人动手能力等目标。

六、实验条件

原、辅料：面包粉、砂糖、黄油、活性干酵母、盐、鸡蛋、面包改良剂等。

仪器设备：和面机、醒发箱、烤箱、烤盘、台秤、面盆、烧杯、模具等。

七、实验步骤

（一）工艺流程

调制面团→醒发（第一次发酵）→切分→中间醒发（第二次发酵）→造型（或扭花）→醒发（第三次发酵）→蛋液饰面（或糖液饰面）→烘烤→冷却、包装

（二）操作要点

1. 材料配比（表2-3）

表 2-3 面粉中原、辅料种类及质量分数

材料	面粉	酵母	水	盐	糖	油	蛋	奶	改良剂	其他
用量/%	100	3～4(鲜) 1.5～2(干)	45～65	0.6～2.5	4～15	1～6	0～5	1～8	0～1.5	具体情况具体分析
常量/%		2	60	1.5	8	4	3	3	1	
高量/%					20	15				
备注						50				

如：高粉 2000 g，低筋面包粉 500 g，酵母粉 30 g，细砂糖 400 g，盐 30 g，奶粉 100 g，蛋 250 g，水 1350 g，黄油 250 g。

2. 操作步骤

（1）调制面团。除黄油、盐外，将其他所有原料投入搅拌机揉成面团，成团后放入黄油，黄油完全吸收后倒入食盐，揉出筋膜，手撕呈薄膜状。

（2）醒发（第一次发酵）。将面包转入醒发箱（25～30 ℃）进行发酵。

（3）切分、中间醒发（第二次发酵）

将基础发酵结束的面团分割成 20 g/个，滚圆后松弛 15～20 min，进行第二次醒发。

（4）造型

松弛后的面团可以做成各种造型的面坯。常见的花式面包造型见图 2-3 至图 2-14。

（5）第三次发酵。将造好型的面坯摆在铺有油纸或刷油的烤盘中，每个面坯间留有一定的间距，转入醒发箱（30～40 ℃），进行最后一次醒发，体积增大至 2 倍、有饱满感、30～50 min 后醒发结束。

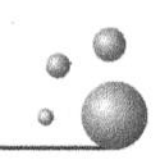

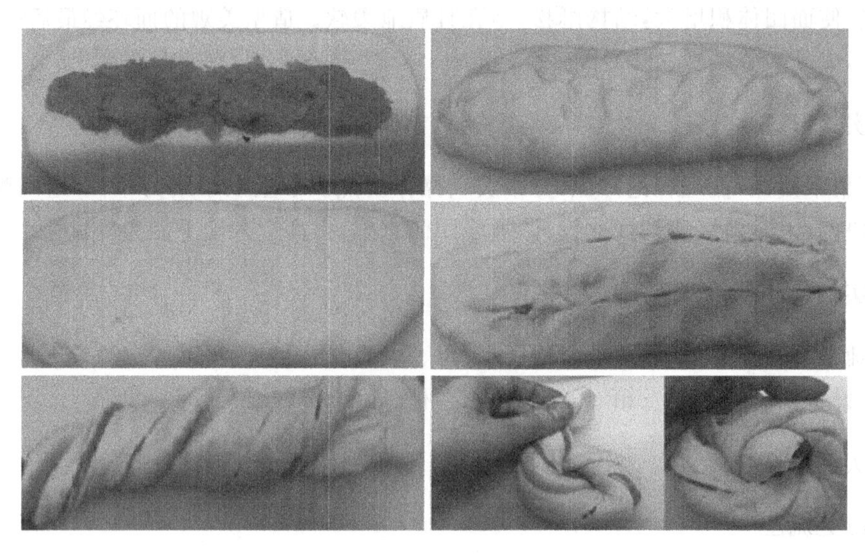

图 2-3　花式面包 1

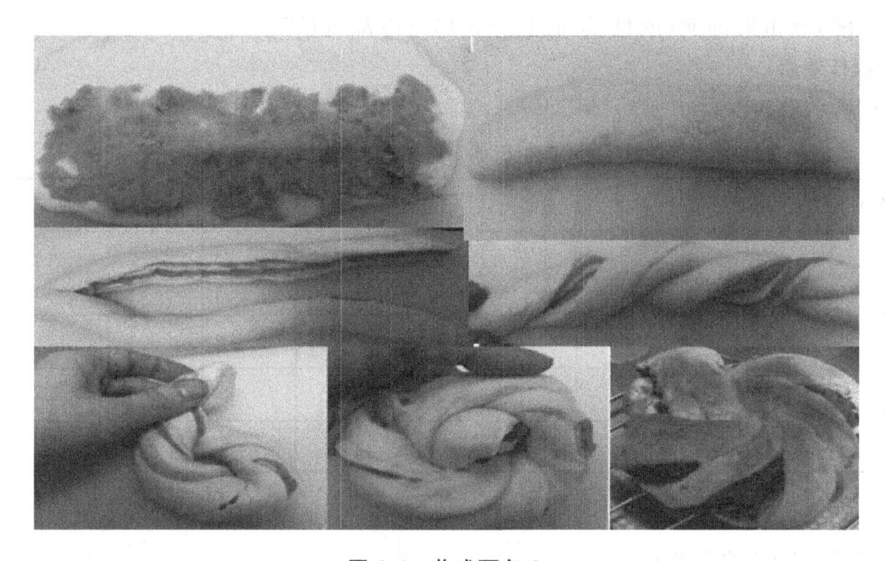

图 2-4　花式面包 2

图 2-5　梭子包

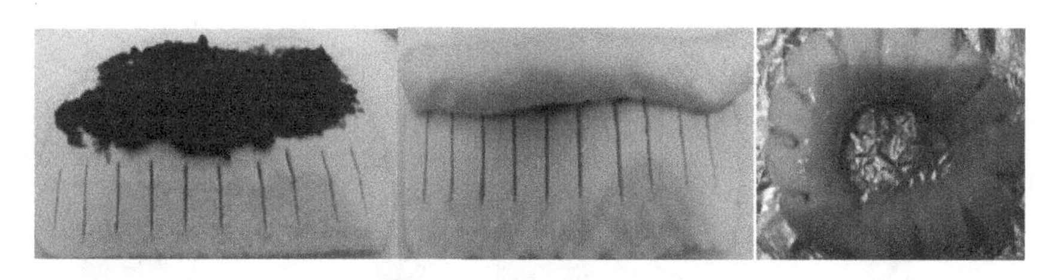

图 2-6　齿轮包

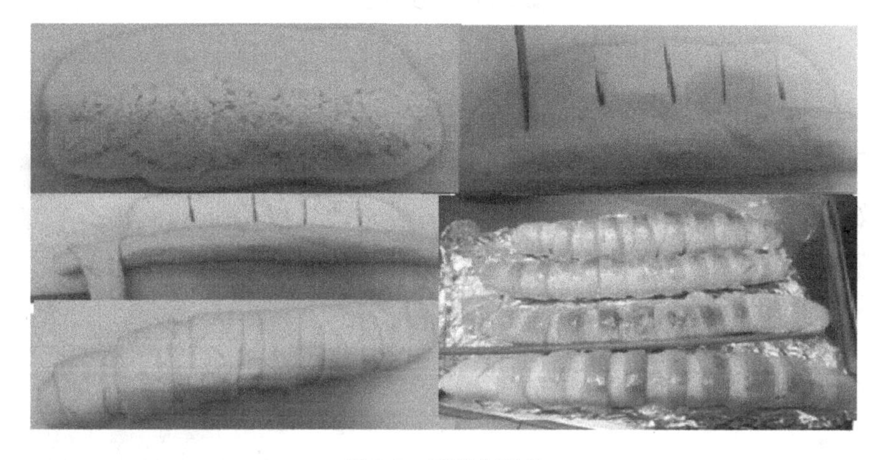

图 2-7　毛毛虫面包

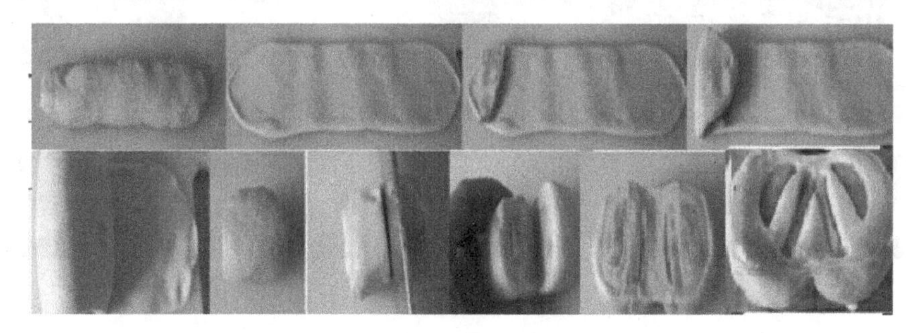

图 2-8　夹心火腿包

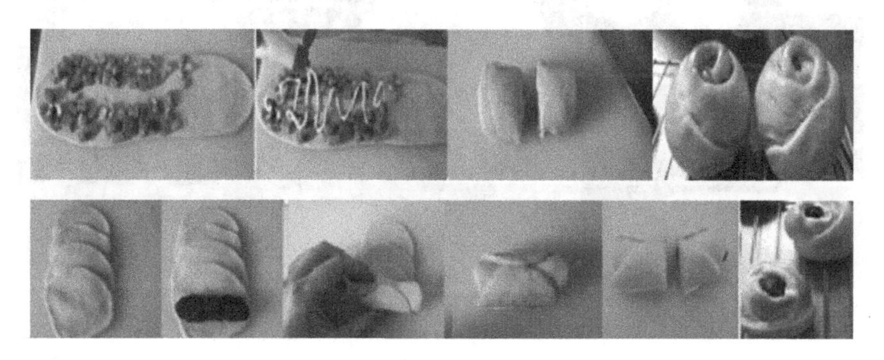

图 2-9　玫瑰花面包

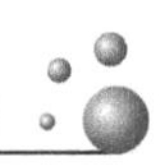

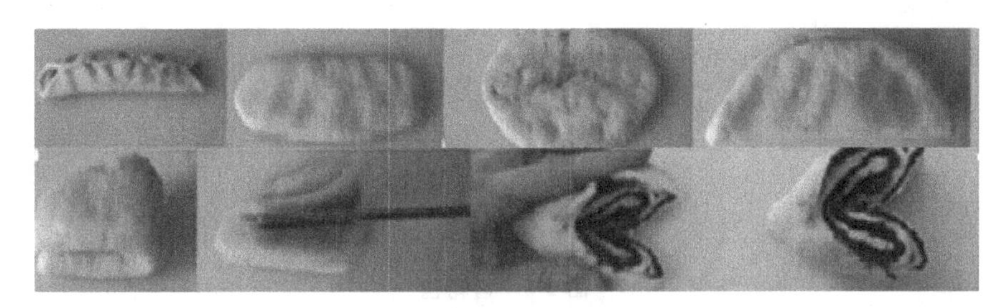

图 2-10　豆沙馅包 1

图 2-11　豆沙馅包 2

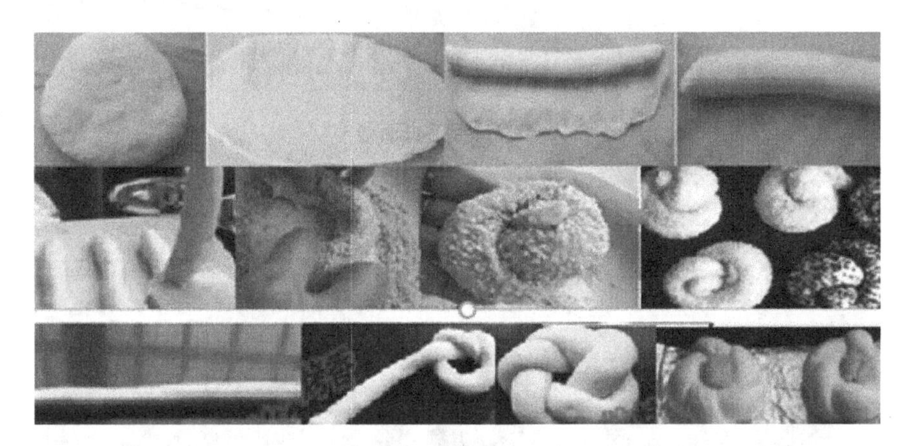

图 2-12　扭花面包

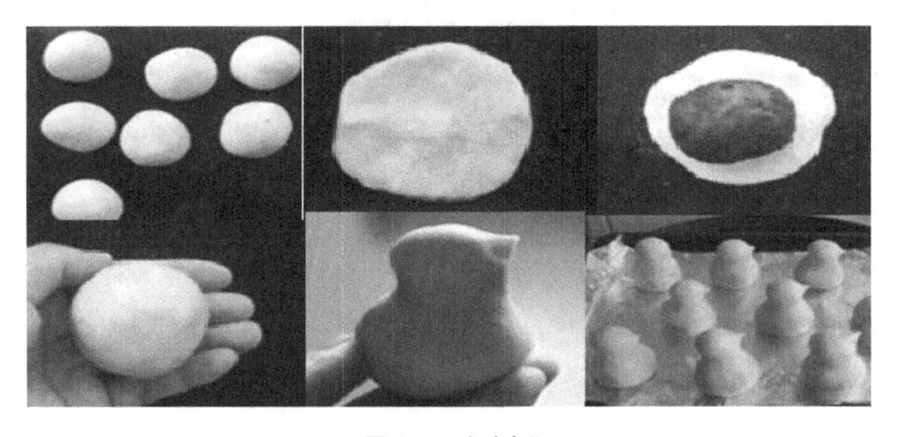

图 2-13　小鸡包

图 2-14　其他造型包

(6)蛋液饰面。发酵结束后，表面刷蛋液(也可以刷糖液或在蛋液中添加糖)，一般内馅料在造型时添加，外部点缀在最后一次醒发完成后添加。

(7)烘烤。入预热 180 ℃的烤箱，中层，上下火，15 min。烤箱温度视面包配料和大小而定，一般在 175～220 ℃之间。成品表面呈金黄色，散发出面包的香味。

(8)冷却、包装。烘烤出炉的面包，常温冷却后包装。

(三)注意事项

(1)内馅料务必在第三次醒发前裹入，外部点缀的馅料或果酱在第三次醒发完成、蛋液饰面前涂抹或摆放。

(2)馅料硬度不够时，不易操作，可以加一些面粉，方便造型。

(3)可以根据实际情况选择是否进行第三次醒发。

(4)醒发程度的判断：判断面包坯醒发是否适度，一般有两种方法：一种是面包坯的体积膨胀到烘烤后体积的 80%左右；另一种是醒发前后的体积之比掌握在 1∶2～1∶3 的范围。

八、成品标准

1. 感官指标

形态：圆面包外形应圆润饱满完整，表面光滑，皮不硬，无裂缝。

色泽：表面呈光滑性金黄色或棕黄色，四周底部呈黄色，不焦不浅，不发白。

内部组织：面包的断面为细密均匀的海绵状组织，掰开面包呈现丝状，无大孔洞，富有弹性。

口味：口感松软，并具有产品特有的风味，鲜美可口，无酸味。

2. 理化指标

酸度在 5 度以下，水分含量为 30%～40%。

3. 卫生

表面清洁，内部无杂质。

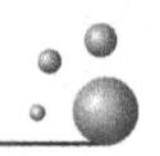

九、思考题

(1)花色面包各配料的配比是怎样的?
(2)如何设计或学习更多的造型方法?

实操要求

1. 以小组为单位,各小组提交实验方案。
2. 采购原辅料,清洗设备及器具。
3. 填写花色面包制作关键操作要点表(表 2-4)。

表 2-4　花色面包制作关键操作要点表

产品名称	原辅料种类	调制面团方法	醒发	造型	烘烤温度及时间

4. 完成实验任务单的填写。
5. 完成成品分析单的填写。

实验三　制作起酥牛角包(丹麦面包)

起酥牛角包属于酥油面包,酥油面包是指配方中使用较多的油脂,又在面团中包入大量固体脂肪的面包,属于面包中档次较高的产品。该产品既保持了面包的特色,又与馅饼、千层酥等西点类食品类似。由于酥软爽口,风味奇特,香气浓郁,备受消费者的欢迎。起酥牛角包是在发酵面团中包入起酥油后经压面、擀薄、多次折叠后制成的一种多层次的面包。该面包口感酥软,层次分明,奶香味浓,面包质地松软。

一、实验认知

(1)实验学时:6。
(2)实验类型:验证性实验。
(3)实验要求:必修。

二、实验目的

(1)掌握酥性面包制作的基本原理及操作方法。
(2)掌握一次发酵法面包制作工艺中常见的质量问题及其解决方法。
(3)通过制作起酥牛角包理解油脂对面包的作用。
(4)掌握牛角包的制作技能。

三、实验内容

用除黄油外的其他材料调制面团,醒发后包入油脂低温起酥,三次擀薄、折叠、发酵、成型、烘烤。

四、实验原理

面团中裹入油脂，经过反复折叠，形成数层面皮、黄油、面皮的分层。在烘焙的时候，面皮中的水分受高温汽化，面皮在水蒸气的冲击下膨胀开来，形成层次分明、香酥可口的酥皮。

五、实验形式

根据本实验的特点、要求和具体条件，采用集中授课的方式，学生以小组为单位，各组可适当改变配方，集中实验，组内协调，组间采用不同的配方，成品互评，总结经验。

六、实验条件

原材料：面包粉、砂糖、黄油、活性干酵母、盐、鸡蛋、面包改良剂等。

仪器设备：搅拌机、醒发箱、烤箱、烤盘、台秤、面盆、烧杯、模具等。

七、实验步骤

（一）工艺流程

调制面团→醒发→包黄油→第一次三折→冷藏→第二次三折→冷藏→第三次三折→造型→醒发→蛋液饰面、烘烤→冷却→包装。

（二）操作要点

1. 材料用量

高筋粉 170 g，低筋粉 30 g，白糖 40 g，色拉油 20 g，奶粉 12 g，鸡蛋 40 g，盐 3 g，酵母 5 g，水 70 g（可以用牛奶或鸡蛋代替），黄油 70 g。

2. 操作步骤

（1）调制面团及醒发。酵母先用 30 ℃左右的温水（或奶）活化，水根据面团软硬程度分次适量添加。鸡蛋液和油搅匀待用，其他干性材料充分混合，先将鸡蛋液和油倒入面粉中，搅匀，再将酵母水加入面粉。面团揉好后，盖上保鲜膜，放入醒发箱 25～30 ℃醒发。面团发至原来的 2～2.5 倍大，手指按下不弹起时，面团发酵完成，如图 2-15 所示。

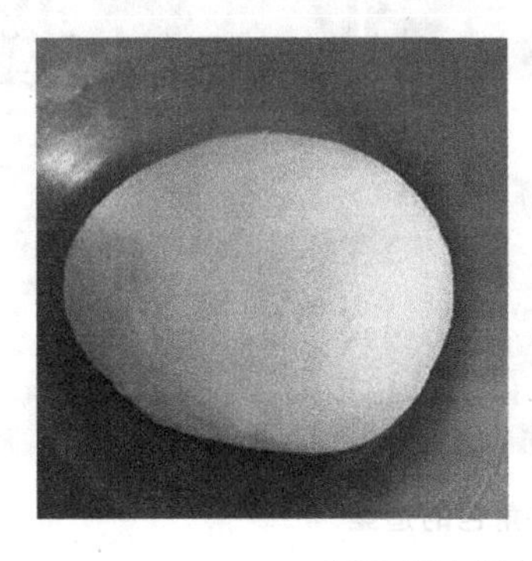
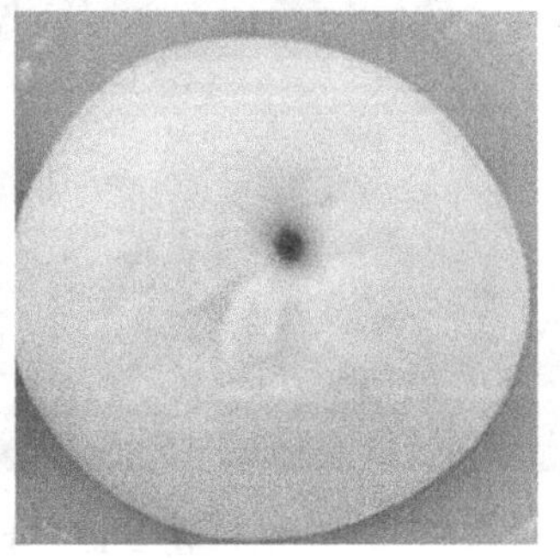

图 2-15　调制及醒发面团

（2）包黄油。发酵面团排气后，醒发 10～15 min。在此期间擀好黄油片。黄油在保鲜袋里提前软化后，先按扁，再用擀面杖推擀成薄片。如果室温较高，为了方便整片取出，可放

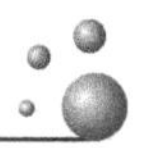

至冰箱冷冻层冷冻几分钟。面团醒发好后，擀成长片。长度最好是黄油片的 2.5 倍，将黄油片取出，放于面团中间，见图 2-16。

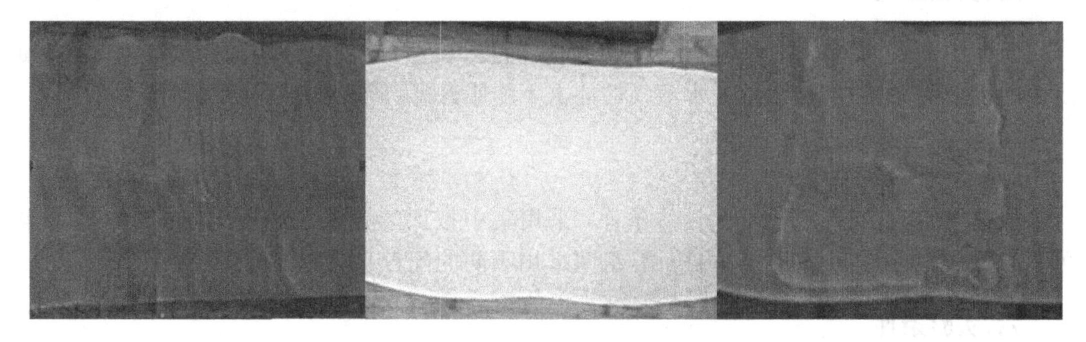

图 2-16　包黄油

(3)第一次三折。将黄油包在面片中，两端及面缝接口处捏紧。擀成长片，由两端向中间折成三层。然后将面团片装入保鲜袋，冰箱冷藏 20 min，让面团有足够长的醒发时间，黄油也不至于因温度高而化掉。

(4)第二次三折。将面团从冰箱取出，同一步擀长，三折，冷藏 20 min。

(5)第三次三折。方法同上。这次折后不需冷藏，直接将面擀成 4 mm 厚的面片。

(6)造型。从一端开始，切下三角形面片(图 2-17)。在面片底端正中间切一个小口。从下向上卷，底端切口处自然偏向两侧。在顶尖处刷上少许蛋液。卷好，封口处放在底部。逐个卷完，摆好。可以在造型前往生胚上添加馅料，裹入生坯内，做成带馅料的起酥牛角包。造型完成后转入醒发箱发酵。也可以用烤箱醒发，用烤箱醒发时，需在烤箱底放一小盆热水，水温过低后，再换上热水。

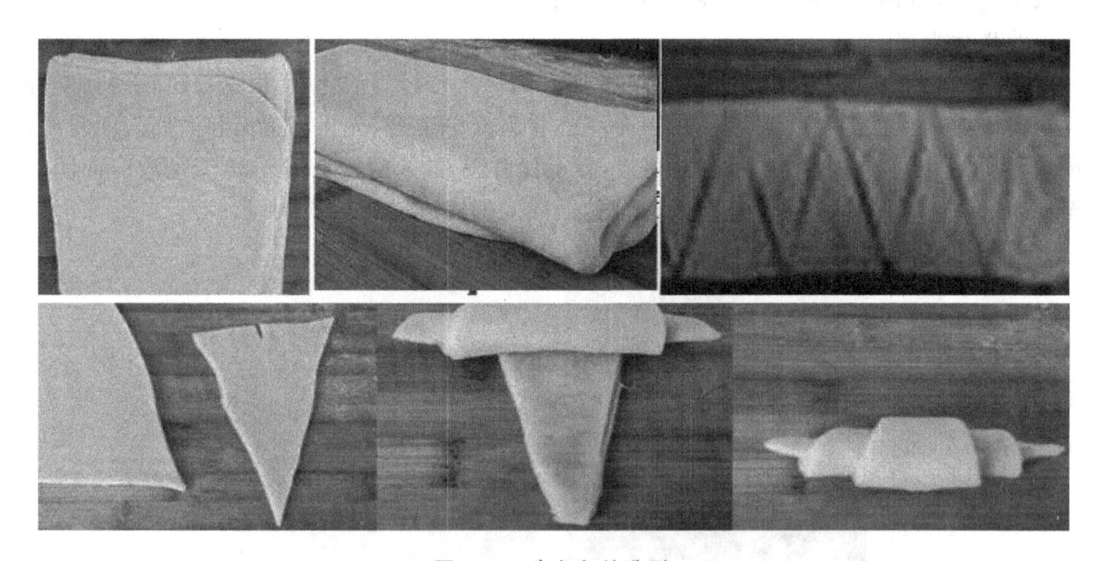

图 2-17　牛角包的造型

(7)醒发。二次发酵 45～60 min。可以看到体积膨胀，生坯分层，有油脂渗出。

(8)蛋液饰面、烘烤、冷却、包装。取出烤盘，刷蛋液，在涂抹时尽量不要触及切口处。烤箱调至 170～205 ℃，烤制 10～25 min，具体时间视生坯大小和成分而定。成品变成金黄色后从烤盘取出，常温冷却。根据需要单个包装或多个包装，塑料包装或纸盒包装均可。

(三)注意事项

(1)面团揉到均匀光滑，盖好发酵。

(2)和面时温水的分量要视具体情况而定，如果其他液态材料较多，可以减少水量，以面团软硬适中为基准。

(3)用专用的片状酥油做出来的效果比较理想，因为其熔点较高，延展性好。本实验采用自制酥油(有时天热，为使制作方便可以黄油融化加一点高筋粉混匀再制片酥)。使用酥油时要控制温度，使之软硬适中，如果太硬，容易戳破面皮；如果太软，则容易流出。

(4)最后发酵的温度在35 ℃左右，不宜过高，温度太高，面团中的奶油可能融化后外流。

(5)在烤的过程中，有少量油脂漏出为正常现象。如果有很多油脂漏出，说明酥皮的制作失败，层次不明，或者擀制的时候油脂层分布不均。

八、成品质量

口感酥软，层次分明，奶香味浓，质地松软。

九、思考题

(1)起酥油和其他油脂有什么区别？

(2)普通牛角包和起酥牛角包有什么区别？

(3)牛角包包油后为何要冷藏？

实操要求

1. 以小组为单位，各小组提交实验方案。

2. 采购原辅料，清洗设备及器具。

3. 填写起酥牛角包制作关键操作要点表(表2-5)。

表2-5　起酥牛角包制作关键操作要点表

产品名称	原料配比	面团冷藏折叠	造型	醒发	烘烤

4. 完成实验任务单的填写。

5. 完成成品分析单的填写。

实验四　快速发酵法制作甜圆面包

快速发酵法是指发酵时间很短(20～30 min)或根本无发酵的一种面包加工办法，包括无发酵时间法、短时间发酵法，整个生产周期只需2～3 h。这种工艺方法是在欧美等地发展起来的。它通过控制发酵条件，在保持原有风味的基础上，缩短发酵周期，提高设备利用率，增加产量。以快速发酵法制作的面包风味纯正，无任何异味，不合格产品少，但在家庭制

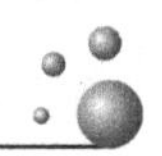

作面包时一般不用该方法，主要原因是面包发酵风味差，香气不足；老化较快，贮存期短。该方法适宜生产高档的点心面包。制作时，需使用较多的酵母、面团改良剂和保鲜剂，并且用料较多，故成本较高。

一、实验认知

（1）实验学时：4。

（2）实验类型：验证性实验。

（3）实验要求：选修。

二、实验目的

（1）加深理解面包生产的基本原理及其加工方法。

（2）探索不同发酵方法对面包质量的影响。

（3）理解快速发酵法生产面包的基本原理及其一般过程和方法。

三、实验内容

用除食盐、黄油外的其他材料调制面团，再加食盐和黄油，调制面团至成熟，切分、造型、醒发、烘烤。

四、实验原理

快速发酵中酵母的用量为常规的一倍。实验中增加酵母营养剂的用量，将面团温度提高到 30～32 ℃，促进发酵，使用还原剂、氧化剂和蛋白酶，降低盐、糖、乳粉、水的用量，增加乳化剂、酸或酸盐的用量。

五、实验形式

根据本实验的特点、要求和具体条件，采用集中授课的方式，学生以小组为单位，适当改变配方，集中实验，组内协调，组间配方差异化，成品互评，总结经验。

六、实验条件

材料：高筋粉、酵母、改良剂、奶油、鸡蛋、白砂糖、盐、奶油、奶粉等。

设备：搅拌机、温度计、电子天平、醒发箱、烤炉、烤盘。

七、实验步骤

（一）工艺流程

原、辅料处理→面团调制→切块成型→发酵→烘烤→出炉→冷却→检验→包装。

（二）操作要点

1. 基本配方

高筋面粉 800 g，酵母 10 g，改良剂 4 g，奶粉 28 g，糖 184 g，鸡蛋 80 g，水 384 g，奶油 40 g，盐 9.6 g。

2. 面团调制

(1)先将高筋面粉、酵母、改良剂、奶粉、糖慢速拌匀,再边搅拌边添加打好的蛋和水,搅匀并成团(或用手揉成团)。

(2)撒盐,慢速拌匀 2 min 后,快速搅拌。

(3)2~3 min 后加入黄油,快速搅拌 4 min 左右。

3. 切块整形

(1)将调制好的面团放在案板上(为防止粘在案板上,可事先刷油),盖上保鲜膜静置 12 min。

(2)分割成每个 80 g 的小面团,搓圆并造型。

4. 发酵

采用快速发酵法发酵面团,发酵温度为 33~38 ℃,湿度 85%~88%左右,发酵时间为 65~85 min。

5. 烘烤

烘烤时间 10~13 min,上火 185~190 ℃,下火 180~185 ℃。

如果表面刷了蛋液,上色较慢,在最后 3 min 才上色,可以在烤了 8 min 后提高上火温度,提前上色。

6. 冷却

将出炉后的烤盘置于烤盘架上,至面包冷却到室温,检查成品质量,装好。

(三)注意事项

(1)面粉使用前必须过筛,使面粉形成松散且细的微粒。在过筛装置中需要增设磁块,以便吸附金属杂质。根据季节适当调节面粉温度,使之适合工艺要求。

(2)首先检查酵母是否符合质量标准,之后将酵母放在 26~30 ℃的温水中,以酵母溶液的形式使用。注意切勿将酵母同油脂、浓度高的食盐溶液或砂糖溶液直接混合,以免影响酵母的正常发酵。

(3)砂糖、食盐也可以用水溶解,经过滤后使用。

(4)奶粉不可直接投入调粉机中,以免奶粉吸水结成团块影响面团的均匀性,应加适量水调成乳状液后再加入,或与面粉混匀后再调面团。

八、质量标准

(1)形态:圆面包外形应圆润饱满完整,表面光滑,皮不硬,无裂缝。

(2)色泽:表面有光泽,金黄色或棕黄色,四周底部呈黄色,不焦不浅,不发白。

(3)内部组织:面包的断面为细密均匀的海绵状组织,掰开面包呈现丝状,无大孔洞,富有弹性。

(4)口味:口感松软,并具有产品特有的风味,鲜美可口,无酸味。

(5)卫生:表面清洁,内部无杂质。

(6)理化指标:酸度在 5 度以下,水分含量为 30%~40%。

九、思考题

(1)制作面包对面粉原料有何要求?

(2)糖、乳制品、蛋制品等辅料对面包的质量有何影响?

(3)面团发酵时应注意什么?

(4)烘烤面包时,为什么面火要比底火迟打开一段时间?

实操要求

1. 以小组为单位,各小组提交实验方案。
2. 采购原辅料,清洗设备及器具。
3. 填写快速发酵法制作甜圆面包关键操作要点表(表2-6)。

表2-6 快速发酵法制作甜圆面包关键操作要点表

产品名称	原料配比	面团调制	造型	醒发	烘烤

4. 完成实验任务单的填写。
5. 完成成品分析单的填写。

实验五 制作法棍

法式长棍面包(简称法棍)是一种传统的法式面包,营养丰富是法国面包的代表,法国人对法棍情有独钟,政府甚至对法棍有多项立法,不但严格规定了法棍的原材料以及最低售价,还规定了法棍的外形,要求法棍上只能划单数切口。法棍的配方很简单,只用面粉、水、盐和酵母四种基本原料,通常不加糖、乳粉,不加或几乎不加油,小麦粉未经漂白,不含防腐剂。统一规定每条长76 cm,重250 g,斜切必须要有5道裂口。

一、实验认知

(1)实验学时:4。

(2)实验类型:验证性实验。

(3)实验要求:选修。

二、实验目的

(1)掌握法棍制作原理。

(2)掌握法棍面团调制及整形要点。

三、实验内容

先调制液态菌种,再进行面团调制,注意控制温度、湿度。在保温、保湿条件下发酵,整形,划刀,烘烤。

四、实验原理

水解的目的是让面团内的蛋白质自聚合形成网络结构——面筋,同时更好地提升面团水化作用，增加面团延展性。酵母用于使面团持续稳定发酵以及增强面筋结构的延展性。搅拌是为了增加面团的延展性和弹性，同时还可裹入部分空气泡，便于后续发酵产气的积聚。折叠面团是为了进一步增加面团的延展性和弹性。要点是先拉伸，再折叠，由外向内，最后收口朝下放置，直到下一次折叠。每次折叠的方向要保持一致。无论是预整形还是最终整形，都需要"外紧内松"。外紧是为了支撑面团形态，"内松"可最大限度地保留面团内部的气体和空间。切割面团最好一步到位，之后按照同一个方向裹紧面团。最终整形排除较大气泡后，继续在同一个方向裹紧面团。方向始终一致是为了保证切口爆发力。刚入炉时应保证蒸汽充足，三分钟后可加一次蒸汽。高温水汽在低温面团表面凝结成水珠，形成局部淀粉饱和溶液，高温下发生糊化作用，形成透明气泡状胶质，这是表皮酥脆的重要原因。

五、实验形式

根据本实验的特点、要求和具体条件，采用集中授课的方式，学生以小组为单位，适当改变配方，集中实验，组内协调，组间配方差异化，成品互评，总结经验。

六、实验条件

材料：面粉（一定比例的高筋粉和低筋粉混合物）、水、盐、酵母。

设备：和面机、烤箱、粉盒、量杯、粉筛、刮板、秤、毛刷、刀、擀面杖。

七、实验步骤

（一）工艺流程

调制面团→发酵→预整形→整形→最后发酵→划刀→烘烤→冷却。

（二）操作要点

1. 基本配方

面粉 1000 g，盐 18 g，酵母 9 g（鲁邦种 5 g），水 700 g。

2. 调制面团

将水与面粉、酵母一起慢速搅拌 3 min，至搅拌均匀。水解 30 min。水解的原理是面粉中含有蛋白质，蛋白质遇到水后会形成面筋网络。这样面团的搅拌时间就会缩短，从而能更好地控制面团温度。水解能改善面团的柔软度，使法棍很快变光滑，解决法棍入炉后出现弯曲的问题。加入酵母后，适当提高速度搅拌 5 min，加入盐后慢速搅拌 3 min，至面团能拉成光滑薄膜。面团调制完成后温度应保持在 22～24 ℃之间。

3. 发酵

将面团表面揉光滑后放在发酵帆布上，在温度 24 ℃、湿度 75%下发酵 30 min，翻面（翻面在第一次发酵至一半时间时进行，将面团倒在案板上，把四边的面团向内折叠后继续发酵。并非所有的法式面团都要翻面，翻面与否视面团的状态而定。一般情况下，面团筋度较弱的情况下要翻面，水含量较多的情况下要翻面。翻面的作用主要在于增强面筋，让面团温度更均匀，增强面包后期的烘烤弹性）后继续发酵 30 min。法棒最好放在木板上发酵，因为木板温度较均匀，不会因冷热不均而影响面团的发酵。

4. 预整形

将面团分割成每个 350 g，排气后折叠成短长条形。在温度 24 ℃、湿度 75%下发酵

30 min。预整形时一定要使面团表面光滑，不可太紧。

5. 整形

将面团排气折叠，向下卷起收口，再搓一搓，搓成 55 cm 左右的圆柱形，放在帆布上（也可以放在烤盘纸上）发酵。

6. 最后发酵

在温度 24 ℃、湿度 75%下醒发 60 min。

7. 划刀

表面划 5 刀（也可以在表面撒上低筋粉）后，入炉喷蒸汽 8 s。刀口深 0.2 cm、长 10 cm，第二刀应在第一刀的 2/3 处开始。刀口角度为 15～20 ℃。完美的法棒不仅要有漂亮的爆口、均匀的气孔，更要有酥脆的表皮、有嚼劲的口感和浓郁的麦香味。

8. 烘烤、冷却

入炉先喷蒸汽 8 s，在 230 ℃或 220 ℃下烘烤 25 min。待烘烤结束，将法棍取出烤盘，转入烤架，使其自然冷却。

制作法棍的操作要点见图 2-18。

图 2-18　法棍制作要点

（三）注意事项

（1）整形后的法棒表面一定要光滑细腻。面团要紧实，内部保留部分气体。整形后放在帆布上发酵，利用帆布可以让法棒的发酵更加稳定，外形更加圆润。

（2）传统的法棍在木板上进行发酵，因为木板的温度比较均匀，使面包的发酵更加稳定。

（3）法棍的制作中对刀口的要求相当严格，刀口划得好，爆口和外表才会漂亮、完美。刀口讲究破皮不破肉，一般刀口深 0.2 cm。如果刀口太深就烘烤不出完美的法棒。刀口间距为 2 cm。划刀口一定要一气呵成，这样刀口才会更漂亮。

(4)烘烤时,一般都会使用带有蒸汽的石板烤箱。烤箱中的石板可以瞬间传导热,使面包更加圆润,面包表皮更薄。喷入蒸汽的目的是使面包更加酥脆,同时增加面包表面的光泽度。

(5)烘烤时间一般为 25~30 min。判断烘烤完成与否的方法是敲击面包底部,当面包发出清脆的声音时,说明烘烤完成。

(6)含水量控制在 70%~75%之间。含水量越高,面团弹性越弱,发酵速度更快,操作更难。但含水量高的法棍口感更好,保存后复烤更易还原口感。

(7)盐含量控制在 1.5%~2%之间。盐含量过少,面团筋度以及发酵稳定性不够;盐含量过多,一方面面团筋度增强过大,容易导致面团膨胀受限,另一方面过多盐分会抑制酵母发酵。揉面阶段,先混合酵母、揉面,再加盐,原因是盐的改性作用明显,后期加盐,可增加弹性。

八、质量标准

色泽均匀,表皮发脆,内部组织均匀,孔壁薄,内瓤洁白,口感香浓,耐嚼。

九、思考题

1. 法棍面包的制作工艺是怎样的?
2. 法棍面包制作的过程可能存在哪些问题? 如何解决?

实操要求

1. 以小组为单位,各小组提交实验方案。
2. 采购原辅料,清洗设备及器具。
3. 填写法棍制作关键操作要点表(表 2-7)。

表 2-7 法棍制作关键操作要点表

产品名称	原料配比	面团调制	造型	醒发	烘烤

4. 完成实验任务单的填写。
5. 完成成品分析单的填写。

任务二 制作饼干

饼干是以谷类粉为主要原料,添加糖、盐(或不添加糖、盐)、油脂及其他原料,经调粉(或调浆)、成型、烘烤(或煎烤)等工艺制成的食品,以及熟制前或熟制后在产品之间(或表面、或内部)添加奶油、蛋白、可可、巧克力等的食品。它可作为旅行、航海、登山时的储存性食品。消费者经常食用的饼干有韧性饼干、发酵饼干和酥性饼干。

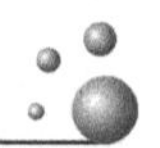

实验一　制作韧性饼干

韧性饼干表面光洁、有针眼，花纹呈平面凹纹型，印纹清晰，断面结构有层次，耐嚼，松脆爽口，香味淡雅。同等重量的情况下，其体积一般比粗饼干、香酥饼干大。韧性饼干中使用的油脂和砂糖，油与糖的标准配比为1∶2.5，其含水量不大于7%。韧性饼干因需长时间调粉，以形成韧性极强的面团而得名，主要作为点心食用，亦可做主食食用。

一、实验认知

(1)实验学时：2。

(2)实验类型：验证性实验。

(3)实验要求：必修。

二、实验目的

(1)掌握韧性饼干制作的基本原理及操作方法。

(2)能够进行饼干配方的改进。

三、实验内容

按要点对材料进行处理，调粉，辊轧，根据需求，选择不同的模具，制作造型多样的生坯，并进行烤制。

四、实验原理

韧性饼干层次感较强，口感松脆，这要求面团具有较高的延伸性。为了达到工艺要求，韧性面团在调制过程中需经历两个阶段：第一阶段，面粉在低速搅拌下充分吸水胀润，初步形成面团，然后在调粉机的作用下不断地揉捏、摔打，和配方中的其他物质结合，形成结实的网状结构，使面团具有最佳的弹性和伸展性；第二阶段，继续搅拌，不断撕裂、切割和翻动已经形成的湿面筋，使其逐渐超越弹性限度，从而使弹性降低，面筋吸收的水分析出。这样，面团就变得柔软，弹性下降，并具有一定的可塑性。经辊轧，受机械作用，形成具有较强的延伸性、适度的弹性、柔软而光滑，并且有一定的可塑性的面带，经成型，烘烤后得到产品。

五、实验形式

根据本实验的特点、要求和具体条件，采用教师集中授课的方式，学生分组实操，组内协作，组间配方差异化，成品互评，总结经验。

六、实验条件

材料：面粉、白砂糖、食用油、奶粉、食盐、香兰素、碳酸氢钠(小苏打)、碳酸氢铵(臭粉)。

设备：饼干模具、烤箱、和面机、烤盘、台秤、烧杯等。

七、实验步骤

(一)工艺流程

调粉→辊轧→成型→烘烤→冷却→包装。

(二)操作要点

材料配比:面粉 4000 g,糖 600 g,食用油 400 mL,奶粉 200 g,食盐 20 g,香兰素 5 g,碳酸氢钠、碳酸氢氨各 20 g。

1. 辅料的溶解

将糖 600 g、奶粉 200 g、食盐 20 g、香兰素 5 g、碳酸氢钠和碳酸氢氨各 20 g 加水800 mL溶解。

2. 调粉

将面粉 4000 g、食用油 400 mL、水 200 mL 等倒入和面机中,和至面团手握柔软适中,表面光滑油润,有一定的可塑性,不粘手即可。

3. 辊轧

将和好的面团放入辊轧机,多次折叠并旋转 90 ℃辊轧,至面带表面光滑、形态完整。

4. 成型

将面团擀成薄薄一层面皮,用叉子或去掉尖头的牙签均匀地扎上小孔,用饼干模印出形状(或者直接切成小方块)。剩下的边角料,可以重新揉成面团擀开再次使用。

5. 烘烤

将饼干放入刷好油的烤盘中,入烤箱 175～250 ℃烘烤 10～30 min,直到饼干表面变成金黄色。

6. 冷却

将烤熟的饼干从烤箱中取出,冷却后包装。

八、质量标准

1. 感官指标

形态:外形完整、花纹清晰,厚薄基本均匀,不收缩,不变形,不起泡,不得有较大或较多的凹底。特殊加工品种表面允许有砂糖颗粒存在。

色泽:呈棕黄色或金黄色或该品种应有的色泽,色泽基本均匀,表面略带光泽,无白粉,不应有过焦、过白的现象。

滋味与口感:具有该品种应有的香味,无异味。口感松脆细腻,不黏牙。

组织:断面结构有层次或呈多孔状,无大孔洞。

杂质:无油污,无异物。

2. 理化指标

水分含量小于 6% 。

碱度(以碳酸钠计)小于 0.4% 。

九、思考题

(1)调制面团时需要注意什么问题?

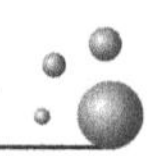

(2)根据饼干质量,思考实验成败的原因。

实操要求

1. 以小组为单位,各小组提交实验方案。
2. 采购原辅料,清洗设备及器具。
3. 填写饼干制作关键操作要点表(表2-8)。

表2-8　饼干制作关键操作要点表

产品名称	原料配比	调粉	造型	烘烤

4. 完成实验任务单的填写。
5. 完成成品分析单的填写。

实验二　制作酥性饼干

酥性饼干是一种南北皆宜的汉族传统特色小吃,以干、酥、脆、甜而闻名,其主要成分是面粉、鸡蛋、油酥等。

一、实验认知

(1)实验学时:2。
(2)实验类型:验证性实验。
(3)实验要求:必修。

二、实验目的

(1)了解酥性面团的调制方法及工艺条件。
(2)掌握酥性饼干的起酥原理。
(3)掌握酥性饼干的生产工艺流程和制作方法。
(4)掌握酥性饼干的特性和有关食品添加剂的作用及使用方法。
(5)了解酥性饼干的一般品质标准,能通过实验初步对酥性饼干成品的质量进行分析、鉴别。

三、实验内容

按一定的次序对原辅料进行调粉,设计造型,烘烤。

四、实验原理

酥性面团一般采用高油、高糖配方。由于油脂的界面张力很大,使油脂能均匀地分布于面粉颗粒表面,形成一层油脂薄膜;在不断搅拌的条件下,油脂和面粉能较为广泛地接触,从而增强油脂和面粉的黏结性。油脂紧紧依附在面粉颗粒的表面,使面粉中的蛋白质不易与水形成面筋网络结构，面团韧性降低，可塑性增强，酥松性较好。

五、实验方式

根据本实验的特点、要求和具体条件，采用教师集中授课的方式，学生以小组为单位，各小组可适当改变配方，集中实验。

六、实验条件

材料：低筋粉，绵白糖，碳铵，芝麻、花生、核桃及瓜子碎等，植物油，泡打粉，鸡蛋，盐。

设备：和面机、台秤、不锈钢锅、月饼模具、小型搅拌机、烤盘、烤箱、电风扇、油刷、刮刀、薄膜封口机。

七、实验步骤

(一)工艺流程

原辅料预混乳化→面团调制→成型→摆盘→烘烤→冷却→成品。

(二)操作要点

1. 实验配方

面粉(低筋)1300 g，绵白糖 1000 g，植物油 1000 g，碳铵 40 g，泡打粉 10 g，鸡蛋 4 个，瓜子仁、芝麻或花生、核桃碎少量，淀粉 160 g。

2. 原辅料预混乳化

先把绵白糖、泡打粉、碳铵等按配方用量放入小盆中，再加入鸡蛋顺着一个方向进行搅拌，直至绵白糖融化，再加入植物油进行搅拌，当全部辅料乳化均匀即可。

3. 面团调制

把面粉分多次放入小盆中进行调制，注意采用少量多次的方式，并不断搅拌，直到没有生粉为止，最后进行搓揉，时间不能太长，以免生筋，也可以放一些花生碎和核桃碎调制面团。

4. 成型

企业生产时，将调制好的面团辊轧 3～7 次至厚 2～4 mm，再辊切成型(酥性饼干多辊轧成型)。在实验室制作时通常采用手工制作的方式。

5. 摆盘、烘烤、冷却

摆盘时人不要离得太近。桃酥表面可以刷一层蛋液，在上火 200 ℃、下火 180 ℃的条件下烘烤 15～30 min，取出后自然冷却。

(三)注意事项

(1)辊轧过程中用力适度，面团松紧合适；可适当增加面团改良剂用量或延长调粉时间，并添加适量淀粉(面粉的 5%～10%)来稀释面筋量，以有效防止饼干收缩变形、表面起泡、凹底。

(2)油脂含量少，起酥性弱，饼坯保持气体能力强，胀发时饼干表面易形成泡点。小块无针孔饼干的加油量为面粉的 8%时极易形成泡点，可以酌情增加油量。

(3)生产中尽量少撒生粉，条件容许的情况下可以适当多加一些油脂。

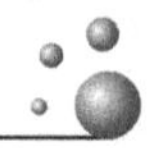

八、质量标准

(1)色泽:呈棕黄色或该品种应有的色泽,色泽基本均匀,表面带光泽,无白粉,不应有过焦、过白的现象。

(2)形状:外形完整,花纹清晰,厚薄基本均匀,不收缩,不变形,不起泡,不应有较大或较多的凹底。

(3)组织结构:断面结构呈多孔状,细密,无大的孔洞。

(4)气味及滋味:具有该品种应有的香味,无异味。口感酥松或松脆,不黏牙。

九、思考题

(1)油糖的反水化作用如何在酥性饼干的制作中体现出来?

(2)在酥性饼干的制作中为什么不使用高筋粉?

实操要求

1. 以小组为单位,各小组提交实验方案。

2. 采购原辅料,清洗设备及器具。

3. 填写酥性饼干制作关键操作要点表(表 2-9)。

表 2-9　酥性饼干制作关键操作要点表

产品名称	原料配比	调粉	造型	烘烤

4. 完成实验任务单的填写。

5. 完成成品分析单的填写。

实验三　制作曲奇饼干

曲奇饼干是一种作为点心类食品的甜酥性饼干,是饼干中配料较好、档次较高的产品。该类饼干结构比较紧密,膨松度小,由于油脂含量高,产品质地极为疏松,食用时有入口即化的感觉。表面花纹深,立体感强,图案如浮雕状,块形不大,但较厚。

一、实验认知

(1)实验学时:2。

(2)实验类型:验证性实验。

(3)实验要求:必修。

二、实验目的

(1)掌握曲奇饼干加工的基本原理及加工工艺过程。

(2)了解一些食品添加剂的性能及其在饼干生产中的应用。

三、实验内容

调粉过程中先加入油、糖等辅料，在低温下进行搅拌，然后加入小麦粉，使面团中的面筋蛋白质产生限制性胀润，从而得到弹性小、光滑而柔软、可塑性极好的面团。对于高油糖配比的曲奇饼干，调制后形成料浆，需要采用挤出成型的方法。

四、实验原理

曲奇的做法是将黄油打发至发白，体积一般达到2～3倍的体积。打发即空气拌入黄油，使得看起来黄油体积大了。后加入蛋，再加粉。粉为低筋粉，方法是拌入，目的是防止面粉起筋，起筋后的面团易收缩。所以烤制时，黄油中的空气跑掉了，面粉撑住了曲奇，不会回缩，口感酥软。

五、实验形式

根据本实验的特点、要求和具体条件，采用教师集中授课的方式，学生以小组为单位，各小组可适当改变配方，集中实验。

六、实验条件

材料：低筋小麦粉、泡打粉、鸡蛋、黄油、白糖、糖粉、奶粉、可可粉、抹茶粉等。

设备：调粉机、电烤箱、烤盘、台秤、面盆、操作台、中型挤料袋、中型花嘴。

七、实验步骤

（一）工艺流程

原材料的预处理→搅打→混匀→调浆→挤压成型→烘烤→冷却→成品。

（二）操作要点

1. 参考配方

配方1：低筋面粉100 g，泡打粉2 g，黄油65 g，鸡蛋28 g，白糖30 g，糖粉30 g，奶粉10 g，也可以根据需求做成抹茶、巧克力等各种风味。

配方2：低筋面粉800 g，酥油560 g，鸡蛋4个，糖粉360 g，水100 mL。

配方3：低筋面粉160 g，黄油100 g，糖粉40 g，细砂糖30 g，鸡蛋30 g，牛奶15 mL，盐1 g。

2. 原料的预处理

在调粉前将小麦粉过筛备用。

3. 搅打、混匀与调浆

将黄油加热软化（也可将黄油从冰箱中拿出，在室温下放置30 min），放在大碗中用电动打蛋器打发，打发好的标准是颜色变浅，体积稍变蓬松。再分次加入细砂糖、糖粉、盐等材料，继续打发至糖全部溶解。放糖粉是为了使组织细腻，最好不要用细砂糖。在黄油中，分次加入蛋液，用打蛋器搅拌均匀。每一次都要完全融合后才能再次加入蛋液或牛奶。

把过筛的面粉加入黄油蛋奶糊中，从下向上用橡皮铲翻拌均匀，使面粉和黄油蛋奶糊完全融合。加面粉后，轻轻拌匀，搅拌过度会使面粉出筋，影响口感。

4. 挤压成型

在烤盘上铺一层油纸（或烤盘内预先涂一薄层植物油），将裱花嘴（做曲奇饼干常用菊花

嘴，可以根据个人的喜好选用不同的裱花嘴）装入裱花袋，然后在裱花袋中装入面糊，并挤在油纸上。不同形状的饼干最好分开烤。每个饼干之间要留 2 cm 的间距，同一盘饼干的大小和厚薄要均匀，否则不易控制烤制的火候和时间。装有曲奇的烤盘应放入冰箱冷藏10 min，再放入烤箱，这对于曲奇的成型很重要。

5. 烘烤与冷却

先将烤箱预热，再将烤盘放入烤箱中，在 175 ℃下烘烤 15 min，烤熟后从烤炉取出，放在室温下冷却至 35～38 ℃。

（三）注意事项

（1）配方中黄油较多，气温太高或太低对面团调制和整形都有较大影响，适宜在气温 15～28 ℃时进行实验。

（2）切记将黄油化成液体状，体积增加至原体积的 3 倍左右。黄油打发得越充分，延展性越好，烤出的饼干口感越酥松；而打发程度较低，甚至不打发黄油的面团，更易保持形状。

（3）烘焙温度越高，面团的延展性越差，烘烤温度以 180～200 ℃为宜。

（4）烘烤 11 min 左右时察看曲奇是否变焦黄。

八、质量标准

（1）感官评价：外形完整，花纹清楚，大小均匀，饼体无连边；呈金黄色、棕黄色，色泽基本均匀；无异味，口感酥松，不粘牙；断面细密多孔，无较大孔洞，无油污，无不可食用异物。

（2）理化评价：水分含量≤4.0%，脂肪含量≥16.0%，碱度（以碳酸钠计）≤0.3%，pH 值≤8.8。

（3）评价方法：根据《饼干、曲奇饼干》（QB/T 1433.5—2005）进行评价。

九、思考题

（1）在制作曲奇饼干进行面团调粉时为什么先加入油、糖、蛋等辅料进行搅打后再加入小麦粉？

（2）制作曲奇饼干时，为什么在奶油打发或糖搅拌溶化前不能加入蛋液？

（3）根据配方制作曲奇饼干，通常采用哪些成型方式？

实操要求

1. 以小组为单位，各小组提交实验方案。

2. 采购原辅料，清洗设备及器具。

3. 填写曲奇饼干制作关键操作要点表（表 2-10）。

表 2-10　曲奇饼干制作关键操作要点表

产品名称	原料配比	调粉	裱型	烘烤

4. 完成实验任务单的填写。
5. 完成成品分析单的填写。

实验四 制作苏打饼干

苏打饼干是常见的食物，不仅味美，还有一定的保健功效。苏打饼干中添加的碱性添加剂可以中和胃中过多的胃酸，减少胃酸对胃黏膜的刺激。适量地食用苏打饼干，可以健脾养胃，促进肠道的健康。

一、实验认知

(1)实验学时：2。
(2)实验类型：验证性实验。
(3)实验要求：必修。

二、实验目的

(1)理解发酵饼干的生产原理。
(2)掌握制作苏打饼干的工艺流程和方法。

三、实验内容

低筋粉、酵母、疏松剂等调粉后制成面团，也可以调成油酥面团，经发酵、辊压、叠层、针刺、成型、烘烤，制成成品。

四、实验原理

苏打饼干以低筋面粉、油脂、盐为主要材料，添加酵母、疏松剂以及各种辅料，经过调粉、发酵、擀压、叠层、成型、烘烤制成，具有发酵制品特有的香味。

五、实验形式

根据本实验的特点、要求和具体条件，采用教师集中授课的方式，学生以小组为单位，各小组可适当改变配方，集中实验。

六、实验条件

材料：低筋小麦粉、小苏打、鸡蛋、黄油、白糖、糖粉、奶粉。
设备：搅拌机、辊压机、电烤箱、烤盘、台秤、面盆、操作台。

七、实验方法

(一)原味苏打饼干的制作

1. 工艺流程

调制面团→辊轧→针刺→造型→烘烤→冷却。

2. 操作要点

(1)配方：低筋面粉 150 g，色拉油 15 g，酵母 2 g，小苏打 2 g，水 30 g(也可以加适量牛

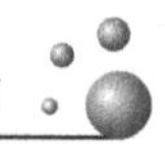

奶),盐 3 g,白糖 15 g。

(2)调制面团

①发酵面团。在案板上倒入 1/3 的面粉,用手拨出一个圆形面窝,在面窝中加入白糖、酵母、小苏打,抓匀,加入部分清水,慢慢围拢面粉,和成发酵面团。

②油酥面团。在案板上倒入另外 1/3 面粉,用手拨出一个圆形面窝,加入色拉油,拌匀,揉成油酥面团。也可以用融化后的黄油调制油酥面团。

③水面团。在案板上倒入剩下 1/3 面粉,加入食盐、清水,揉成水面团后,再将水面团和发酵面团揉成一个面团。

(3)擀面团(辊轧)。撒少量面粉于工作台面上,将大面团擀成一个圆形薄片。在薄片中间放上油酥面团,压扁,将圆形面皮的边折向中间后擀开面团,擀成大长方形。由两侧向中间折,折 3 折,继续擀,重复 3 次,面片厚约 2 mm 时,切成块状。若企业大规模生产,可直接由机械进行辊压。

(4)针刺。在烤盘上将饼干排好,用小叉子或牙签扎出若干小孔。企业大规模生产中,成型机一般自带针刺。

(5)烘烤。放至烤箱中层,190 ℃,烤 15 min,也可以在 150 ℃下烤 20 min,饼干表面呈金黄色即可出炉。

(二)香葱苏打饼干的制作

1. 工艺流程

调制面团→发酵→辊压→针刺→造型→烘烤→冷却。

2. 操作要点

(1)配方:牛奶 50 g,酵母 4 g,植物油 30 g,盐 2 g,小苏打 1 g,低筋面粉 150 g,香葱适量。

(2)调制面团

①活化酵母。牛奶加热至 30 ℃左右,将酵母加入牛奶中,搅匀。

②调面团。将低筋面粉、小苏打、油脂、盐与酵母液混合,调制面团。加入切碎的香葱,与面团一起揉至光滑。

③发酵、造型。将面团盖上保鲜膜,静置 20 min。揉面团使其排气,擀成薄片(约2 mm),用小叉子或牙签扎出若干小孔,分割成小块。

④烘烤。烤盘上放油纸,铺上一片片面坯,转入烤箱(预热 180 ℃)中层烤 20 min 左右。因烤箱有差别,根据上色情况和软硬程度适当调节烘烤温度与时间。

(三)注意事项

(1)小苏打遇水,会释放出二氧化碳,使产品体积增大。同时产生碳酸钠,高温下与油脂发生皂化反应。小苏打过量添加,会有肥皂味,同时饼干的 pH 值增高,饼干内部呈暗黄色。

(2)必须准确计算用水量,一次性添加,避免中途加水。面粉的吸水率一般为 30%～40%。加水量过多,面团在压模之后容易收缩变形,而且面团过黏,印模时会粘在模具边上。加水量太少,则面团太干燥,难以成型,导致成品太硬。

(3)严格控制和面时间,防止面团起筋,或出现筋道不足的现象。

(4)面带压至光滑后才能加油酥,接头必须铺均匀,并与新面团充分轧压混合。折叠后应转 90°,以消除纵向与横向之间的张力差,防止饼干收缩变形。

(5)烘焙第一阶段(约 8 min)底火稍高,面火稍低,可以在饼干表面还没有形成硬壳之前胀发,使饼干更加膨松。烘焙第二阶段(约 6 min),降低底火温度,升高面火温度,可以让饼干的表面更快上色,同时避免饼干底面烤焦。

(6)烘焙完成之后,将饼干放入 80 ℃的环境下冷却 5 min 后,再取出在常温下冷却,这样可以防止饼干因冷却过快而产生裂缝。

八、质量标准

(1)外形完整,厚薄大致均匀,表面有较均匀的起泡点,油酥不外露,表面无生粉。

(2)色泽呈浅黄色、谷黄色或该品种应有的色泽,饼边及泡点允许出现褐黄色。

(3)夹酥均匀,层次多且分明,无杂质,无油污。

(4)口感酥松香脆,具有发酵香味和本品固有的风味,无异味。

九、思考题

早餐可以将苏打饼干作为主食吗?

实操要求

1. 以小组为单位,各小组提交实验方案。

2. 采购原辅料,清洗设备及器具。

3. 填写苏打饼干制作关键操作要点表(表 2-11)。

表 2-11　苏打饼干制作关键操作要点表

产品名称	原料配比	调制面团	醒发	包酥	造型	烘烤

4. 完成实验任务单的填写。

5. 完成成品分析单的填写。

生活链接

家庭自制蛋心圆饼干(图 2-19)

一、配料

鸡蛋 1 个,蛋黄 3 个,低筋粉 80 g,奶粉两勺,白糖 30 g,黑芝麻 10 g(也可以不要),柠檬汁几滴。

二、制作步骤

1. 鸡蛋打发

分离蛋清与蛋黄,蛋清中加入柠檬汁、白糖后打发(用电动打蛋器打发至硬性发泡,提起打蛋器有小尖角),加入蛋黄继续打发,至提起打蛋器、液体滴落时纹路不易消失。

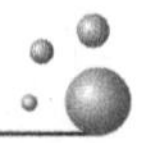

2. 调糊

筛入低筋面粉和奶粉，加入黑芝麻（也可以不加），用刮刀将面糊翻拌均匀，切记不要画圈，不然会消泡。将调制好的面糊装入裱花袋，用小的平口裱花嘴，也可以直接在裱花袋上剪开一个小口，再均匀地将面糊挤在烤盘上。烤盘需事先铺油布，最好挤在专用的蛋心圆模具内。

3. 烘烤

放入预热好的烤箱，上、下火 150 ℃，烘烤大约 15 min，具体视烤箱的规格及饼干的大小而定。

图 2-19　蛋心圆饼干

4. 冷却

烤至金黄色，出炉，自然冷却，包装，密封。

任务三　制作西式蛋糕

蛋糕是一种古老的西点，一般用烤箱制作，以鸡蛋、白糖、小麦粉为主要原料，以牛奶、果汁、奶粉、香粉、色拉油、水、起酥油、泡打粉等为辅料，经过搅拌、调制、烘烤后制成。蛋糕根据使用的原料、调混方法和面糊性质一般可分为：

（1）面糊类蛋糕（油蛋糕）：配方中油脂用量高达面粉的 60% 左右，用以润滑面糊，产生柔软的组织，有助于面糊在搅混过程中融入大量空气，产生膨松作用。一般的奶油蛋糕、布丁蛋糕属于此类。

（2）乳沫类蛋糕（清蛋糕）：其主要原料为鸡蛋，不含任何固体油脂。利用蛋液中强韧性的蛋白质，在面糊搅混和焙烤过程中使蛋糕膨松。根据所用蛋料的不同，可将乳沫类蛋糕分为仅用蛋白的蛋白类蛋糕（如天使蛋糕）、使用全蛋的海绵类蛋糕（如海绵蛋糕）和戚风类蛋糕。

为了更好地理解蛋糕的制作原理及分类特点，特将蛋糕的分类及制作原理进行了归纳和总结，见表 2-12。

表 2-12　常见蛋糕的分类及其特点

项目	油蛋糕	清蛋糕		
		天使蛋糕	海绵蛋糕	戚风蛋糕
用料特点	主料为糖、油、面粉，油用量多	以蛋清、糖、面粉为主料，仅用蛋清打发	以蛋、糖、面粉、油为主料，全蛋打发	以蛋、糖、面粉、油为主料，分蛋打发
膨发原理	油脂的融合性或油脂与疏松剂的共同作用	蛋白的搅打起泡性	全蛋起发	蛋白的搅打起泡性
成品特点	油润香滑，口味浓郁，高糖高油	棉花般的质地和颜色，口感匀轻	膨松柔软，海绵状结构，弹性足，高糖高蛋白	既弹性十足又香润柔软，高糖、高蛋白、低油

实验一　制作重油蛋糕

重油蛋糕的甜度比一般的蛋糕要高很多，油香浓郁，口感深香有回味，结构相对紧密，有一定的弹性，又称奶油蛋糕。布朗尼蛋糕是典型的重油蛋糕。重油蛋糕利用配方中的固态油脂，在搅拌时搅入空气，面糊于烤炉中受热膨胀成蛋糕，主要原料是蛋、糖、面粉和黄油，调制的面糊浓稠、膨松。

一、实验认知

(1)实验学时：2。
(2)实验类型：验证性实验。
(3)实验要求：必修。

二、实验目的

(1)掌握重油蛋糕制作的原理和一般过程。
(2)对于蛋糕制作进行探索性试验，观察成品质量。

三、实验内容

按原料配比进行称量，对油脂进行打发，调制面糊，选择模具，调制温度，进行烘烤。

四、实验原理

重油蛋糕的品质取决于油脂的打发程度和鸡蛋的乳化程度。在搅拌作用下，空气进入油脂，形成气泡，使油脂膨松，体积增大。在一定的范围内，油脂越多，膨松性越好，蛋糕的质地越疏松。将蛋液加入打发的油脂中时，蛋液中的水分与油脂会在搅拌下发生乳化。乳化越充分，制品的组织越均匀，口感亦越好。重油蛋糕的油脂用量大，配料中干性原料较多，含水量较少，面糊易干燥、坚韧。如果烘烤温度高、时间短，会发生内部未熟、外部烤糊的现象，所以需低温和长时间的烘烤，炉温一般在160～200 ℃之间，时间则在30～40 min之间。

五、实验形式

根据本实验的特点、要求和具体条件，采用集中授课、学生分组实验的形式。

六、实验条件

材料：蛋糕专用粉、白砂糖、鸡蛋、黄油等。
设备：打蛋器、刮刀、不锈钢盆、电烤炉、蛋糕模等。

七、实验步骤

(一)工艺流程

原、辅材料处理→面糊调制→入模→烘烤→出炉→冷却→成品检验→包装。

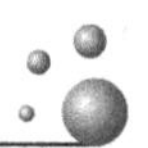

(二)操作要点

1. 蛋糕配方

砂糖 450 g,蛋糕粉 500 g,全蛋 500 g,黄油 480 g,泡打粉 5 g,面粉及其他粉状材料过筛备用,鸡蛋洗净备用。

2. 面糊调制

(1) 将黄油置于搅拌缸中,用片状打蛋头打软,分多次加糖,打至绒毛状,发白,8～10 min。

(2) 换网状打蛋头,慢速搅拌,将拌匀的蛋液分 3 次加入,中速拌匀。上一次的蛋液搅拌至完全融入后才能再加入蛋液。每次加蛋液时应停机,把缸底未拌匀的原料刮起,继续搅拌,以确保缸内的材料混合均匀。

(3) 再快速搅拌,打到糖溶解,蛋油融合膨大。

(4) 过筛的面粉和发酵粉(固体材料)与液体材料(奶粉加水溶解)分 3 次交替加入,每次应成线状慢慢加入混合物中。慢速搅拌时分 3 次加粉,快速或中速搅匀。

3. 入模

入模前模具上垫纸或涂油。涂油后,迅速将面糊装入烤模中,加至 7～8 成满即可。

4. 烘烤

放入已预热、上火 200～205 ℃、下火 180～185 ℃的烤炉中,待蛋糕膨胀、表面着色后,用刀划开顶部,同时将烘烤温度调至上火 190～200 ℃、下火 180 ℃,烤熟为止(用竹签插入糕坯内,拔出无粘附物即可出炉)。

5. 出炉、冷却

将烤盘倒扣在冷却网上脱模,室温冷却后检查成品,然后包装。常见品种见图 2-20。

图 2-20　重油蛋糕常见样式

(三)注意事项

(1)面糊的调制中,一定要拌入足够的空气,充分膨胀。

(2)快速搅拌之前一定要将糖等材料完全溶解。

(3)泡打粉一定要与面粉一起过筛,尽量用细糖。

八、质量标准

(1)颜色:表皮呈均匀的金黄色或棕黄色,无斑点。

(2)外形:蛋糕顶部平坦或略微突起,形态规范,厚薄一致,不歪斜。

(3)组织结构:蛋糕表面及内部的气孔细小而均匀,组织细密,质地松软,表皮不硬。

(4)口感:口味香甜,松软可口,有纯正的蛋香味。

九、思考题

蛋糕表面为什么会出现斑点?该如何解决?

实操要求

1. 以小组为单位,各小组提交实验方案。
2. 采购原辅料,清洗设备及器具。
3. 填写重油蛋糕制作关键操作要点表(表2-13)。

表2-13 重油蛋糕制作关键操作要点表

产品名称	原料配比	调糊	入模具	排气	烘烤

4. 完成实验任务单的填写。
5. 完成成品分析单的填写。

实验二　制作海绵蛋糕

海绵蛋糕是利用蛋白的起泡性,在蛋液中充入大量的空气,加入面粉烘烤而成的一类膨松点心,因其结构类似于多孔的海绵而得名,也被称为清蛋糕。

一、实验认知

(1)实验学时:2。
(2)实验类型:验证性实验。
(3)实验要求:必修。

二、实验目的

(1)了解海绵蛋糕制作的原理。
(2)掌握海绵蛋糕制作的工艺流程。
(3)掌握海绵蛋糕常见缺陷的补救方法。

三、实验内容

鸡蛋清洗,设备器皿、实验器具清洗,配料、鸡蛋打发,调糊,入模,振荡排气,烘烤,出炉,冷却。

四、实验原理

海绵蛋糕之所以蓬松,主要是利用了蛋白的搅打发泡性。鸡蛋的蛋白是一种黏稠的胶体,具有起泡性,在高速搅打下,大量空气被卷入蛋液,蛋白质胶体薄膜将空气包围起来,最

后蛋液变成乳白色的细密泡沫，并呈不流动状态。在烘烤过程中，泡沫内的气体受热膨胀，蛋糕因此膨大，使制品疏松多孔并具有一定的弹性和韧性。蛋糊中卷入的空气越多，所制得的蛋糕体积越大，气泡越细密，蛋糕的结构越疏松柔软。另外，加入的泡打粉在烘烤加热的过程中会释放出大量的 CO_2 气体，这些气体也能使蛋糕膨胀及松软。

五、实验形式

根据本实验的特点、要求和具体条件，采用教师集中授课、学生集中实验的形式。

六、实验条件

材料：蛋糕专用粉、白砂糖、鸡蛋、盐、鲜奶（或奶粉与水）、色拉油等。

设备：搅拌机、刮刀、不锈钢盆、烤炉、烤盘等。

七、实验步骤

（一）工艺流程

原、辅料处理→面糊调制→入模→烘烤→出炉→冷却→成品检验→包装。

（二）操作要点

1. 原、辅料处理

配方：全蛋 600 g（12 个），糖 320 g，盐 2.4 g，蛋糕粉 260 g，鲜牛奶 48 g，色拉油 80 g。

清洗鸡蛋，按配方称量，低筋粉过筛，清洗实验器具。

2. 打蛋

将全蛋、糖、盐混合均匀，先水浴加热至 43 ℃，在加热过程中必须用打蛋器不断地搅动，使受热均匀，避免边缘部分过热而被烫熟，搅拌至糖盐融化，再高速打发至提起打蛋器后滴落下来的蛋糊不会马上消失，而是在蛋糊表面出现清晰的纹路，此时转为中、慢速搅拌，至气泡细小均匀为止。

3. 拌粉

分 3～4 次加入事先过筛拌匀的蛋糕粉（低筋粉），用橡皮刮刀小心地从底部往上翻拌，使蛋糊和面粉混合均匀。

4. 调糊

快速加入鲜牛奶、色拉油，慢速搅拌均匀。

5. 入模

迅速将面糊装入模具中，注意加至 7～8 成满即可。蛋糕坯的整体形状由蛋糕坯模具的形状决定。装盘前模具不涂油，但可垫纸或撒面粉，将面糊快速倒入，用刮板刮平，振动模具使大气泡逸出。

6. 烘烤

烘烤时温度一般为 180～200 ℃，时间约为 30 min。如上火 180～195 ℃，下火 180 ℃，15～20 min 即可烤熟。

7. 出炉、冷却

将烤盘倒扣在冷却网上脱模，室温冷却后检查成品，然后包装。常见成品外观见图 2-21。

图 2-21　海绵蛋糕外形

(三)注意事项

(1)搅拌的容器要干净,尤其不能有油脂,以防破坏蛋清的胶黏度。

(2)存放时间长的蛋不宜用来制作蛋糕,鸡蛋破壳时一定要注意卫生,最好先清洗鸡蛋,保存鸡蛋的最佳温度为 17 ℃左右。

(3)如果配方中有泡打粉,泡打粉一定要与面粉一起过筛,使其充分混合。

(4)若蛋浆浓度太高,配方中的面粉比例过大,可慢速加入水,切不可将水一次性倒下去,这样很容易破坏蛋液的气泡,使体积减小。

(5)为了减小面粉的筋力,使口感更佳,可在配方中加入一定比例的淀粉(不超过面粉的1/4),且淀粉要和面粉一起过筛,并混合均匀,否则易使蛋糕下陷。

(6)海绵蛋糕面糊的搅拌方法,根据蛋液的使用情况,可分为全蛋搅打法、分蛋搅打法和使用蛋糕油的搅拌法。该实验采用了全蛋搅打法。

八、质量标准

颜色:表皮呈棕黄色或金黄色,顶部颜色稍深而四周及底部颜色稍浅,无斑点。内部组织呈均匀的金黄色。

外形:形态规范,厚薄一致,无塌陷和隆起,不歪斜。

组织结构:组织细密,蜂窝均匀,无大气孔,无生心,富有弹性,蓬松柔软。

口感:口味香甜,松软可口,有纯正的蛋香味。

卫生:内外无杂质,无污染,无异味。

九、思考题

1. 蛋糕冷却后表面塌陷或缩小的原因有哪些?该怎样解决这个问题?

2. 乳化蛋糕与传统的海绵蛋糕在配方及加工工艺上有何不同?

3. 蛋糕油的主要组成成分是什么?分别有何作用?

实操要求

1. 以小组为单位,各小组提交实验方案。

2. 采购原辅料,清洗设备及器具。

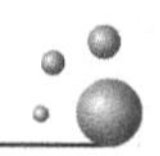

3. 填写海绵蛋糕制作关键操作要点表(表 2-14)。

表 2-14 海绵蛋糕制作关键操作要点表

产品名称	原料配比	调糊	入模具	排气	烘烤

4. 完成实验任务单的填写。

5. 完成成品分析单的填写。

实验三 制作戚风蛋糕

戚风蛋糕是一款甜点,制作原料主要有菜油、鸡蛋、糖、面粉、发粉等。由于缺乏重油蛋糕的浓郁香味,戚风蛋糕通常需要味道浓郁的汁或加上巧克力、水果等配料。菜油不像黄油那样容易打泡,用菜油制作蛋糕时需要把鸡蛋清打成泡沫状,以提供足够的空气,增大蛋糕的体积。

戚风蛋糕的制作方法与分蛋搅拌式海绵蛋糕类似(所谓分蛋搅拌,是指蛋白和蛋黄分开搅打好后,再予以混合),即在制作分蛋搅拌式海绵蛋糕的基础上,调整原料比例,并且在搅拌蛋黄和蛋白时分别加入发粉和塔塔粉。戚风蛋糕组织蓬松,水分含量高,味道清淡不腻,口感滋润嫩爽,是最受人们欢迎的蛋糕品种。

一、实验认知

(1)实验学时:2。

(2)实验类型:验证性实验。

(3)实验要求:选修。

二、实验目的

(1)了解戚风蛋糕蓬松的原理。

(2)掌握戚风蛋糕制作的工艺流程。

(3)掌握戚风蛋糕常见缺陷的补救方法。

三、实验内容

清洗鸡蛋、设备、器皿、实验器具,称取配料,分离蛋黄与蛋白,调制蛋黄糊,打发蛋白糊,拌糊,入模,振荡排气,烘烤,出炉冷却。

四、实验原理

同海绵蛋糕。

五、实验形式

根据本实验的特点、要求和具体条件,采用教师集中授课、学生集中实验的形式。

六、实验条件

材料：蛋糕专用粉、白砂糖、鸡蛋、盐、鲜奶（或奶粉与水）、色拉油等。

设备：打蛋器、搅拌机、刮刀、不锈钢盆、烤炉、烤盘等。

七、实验步骤

（一）工艺流程

原、辅料处理→调制蛋黄糊→蛋白打发→拌糊→入模→烘烤→冷却→脱模→成品检验→包装。

（二）操作要点

1. 配方

鸡蛋 5 个，牛奶或水 40 mL，玉米油 40 mL 或 70 g，细白砂糖（蛋黄糊）20 g，细白砂糖（蛋白糊）50 g，柠檬汁（蛋白糊）4～5 滴。

清洗鸡蛋，分离蛋黄和蛋白，取无水、无油、干净的用具（一般选择碗或盆）装蛋白和蛋黄，蛋白放入冰箱冷藏室备用。

2. 蛋黄糊的调制

将 40 mL 牛奶、20 g 细白砂糖倒入盆中，用打蛋器搅打至糖融化，如果牛奶太凉难以融化，可以在牛奶盆下放一个热水盆。将玉米油一次性倒入牛奶中，用打蛋器快速搅打均匀，至牛奶和油融为一体，打蛋器划过有纹路，并保持大约 5 min，这是保证蛋糕口感好的小窍门。将蛋黄和牛奶糊搅打均匀，充分乳化。之后把低筋面粉用细筛网分 3 次筛到蛋黄糊中，每次筛入后都要用打蛋器或者刮刀翻拌或切拌至无干粉。面粉分次放入，至合适的浓稠度。搅拌时不要画圈，以免面粉起筋，破坏口感。调好的蛋黄糊应细腻有光泽，放在一边备用，可以盖上保鲜膜，防止糕点风干。

3. 蛋白打发

把蛋白从冰箱冷藏室取出，打蛋器置于一档，把蛋白打成鱼眼状泡沫，加 4～5 滴柠檬汁，以去腥和稳定蛋白，然后放 1/3 的白砂糖，用打蛋器的一档打发。

打到蛋白明显变多、泡沫变小的时候，再加 1/3 的白砂糖。用打蛋器的一档打均匀后转中档继续打发，打至蛋白出现明显的纹路。加入剩下的白砂糖，转到打蛋器的一档打发，至提起打蛋头，上面的蛋白霜呈直线。

4. 拌糊

取 1/3 的蛋白霜放入蛋黄糊盆里，采用翻拌或者切拌的手法混合均匀，两者经常结合使用，首先翻拌，看不到白色的蛋白霜后用切拌，这样能混合得更加均匀。不要一个方向画圈，否则会消泡，导致蛋糕变成蛋饼。混合到几乎看不到蛋白后，把蛋黄糊全部倒入蛋白盆内，再次混合。

5. 入模

把处理好的蛋糕糊缓缓倒入 8 寸的活底模，不要在模具中抹油或者铺油纸。全部倒入之后，提起模具轻微振动，使大气泡逸出，这样烤出的蛋糕组织细腻，口感甚佳。

6. 烘烤

放在烤箱（烤箱提前 10 min 预热）中层的烤网上开上、下火烤制，温度为 140～170 ℃。

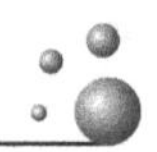

时间为 30 min。判断烘烤结束与否，可以将一根牙签扎进蛋糕，片刻后拔出，看牙签上是否干净。如果牙签上有蛋糕糊，说明还需要继续烘烤；如果牙签很干爽，说明烘烤完成。

7. 出炉、冷却

烤好取出后立刻振两下模具，使热气散出。并立刻倒扣在烤网上晾凉。持续 2～3 h，直到彻底凉透。脱膜时，可以用专门的脱模刀，也可以手工脱模。

(三)注意事项

(1)所有的器具应保证无水无油

(2)若没有低筋面粉，可以用中筋面粉混合玉米淀粉调配成低筋面粉，面粉和淀粉的比例为 4∶1。

(3)因不同的面粉吸水性不同，面粉应分三次加入，不一定全部用完，实际用量视情况而定。混合好的蛋黄糊如果太干，可以加一点牛奶；如果太稀，可以加一点面粉。

(4)蛋白中不能出现蛋黄，否则会影响打发。

(5)蛋糕糊混合好以后，可以加入葡萄干等，加入后翻拌几下。如果想加可可粉做可可戚风、抹茶戚风，需要改变配比。

八、质量标准

(1)色泽：表面呈金黄色，内部为乳黄色(特殊风味除外)，色泽均匀一致，无斑点。

(2)外形：蛋糕成品形态规范，厚薄一致，无塌陷和隆起，不歪斜，表皮柔软。

(3)内部组织：组织细腻，蜂窝均匀，无大气泡，无生粉、糖粒等疙瘩。

(4)口感：入口绵软香甜，松软可口。

九、思考题

(1)蛋糕出现塌陷的原因是什么？

(2)戚风蛋糕的蛋黄为何冷藏？不冷藏会影响成品吗？

实操要求

1. 以小组为单位，各小组提交实验方案。

2. 采购原辅料，清洗设备及器具。

3. 填写戚风蛋糕制作关键操作要点表(表 2-15)。

表 2-15　戚风蛋糕制作关键操作要点表

产品名称	原料配比	调糊	入模具	排气	烘烤

4. 完成实验任务单的填写。

5. 完成成品分析单的填写。

实验四　制作裱花蛋糕

裱花蛋糕味道香甜可口，非常适合朋友聚会食用。裱花是装饰蛋糕的一种方法，是成为一名西点师所要掌握的基本技能。

一、实验认知

(1)实验学时:4。

(2)实验类型:验证性实验。

(3)实验要求:选修。

二、实验目的

(1)了解裱花蛋糕装饰材料的调制原理与方法。

(2)学习用调制的鲜奶膏进行装饰。

(3)鉴别裱花蛋糕的风格。

三、实验内容

以戚风蛋糕坯或海绵蛋糕坯为裱花的蛋糕坯,调制鲜奶膏,根据需求制作造型不一的蛋糕。

四、实验原理

利用海绵蛋糕的制作方法,全蛋或蛋白打发,制作蓬松的蛋糕坯,用糖粉、蛋白、稀奶油,搅打至产生气体,呈蓬松固态,可以根据需求添加色素,得到易于造型的鲜奶膏。

五、实验形式

根据本实验的特点、要求和具体条件,采用教师集中授课、学生分组集中实验的形式,各组相互学习、分享经验。

六、实验条件

原料:鸡蛋、低筋粉、砂糖、蛋糕油、柠檬汁、玉米油、淡奶油、色素等添加剂。

设备器:打蛋机、裱花袋、裱花嘴、剪刀、抹刀、切刀、转台等。

七、实验步骤

(一)工艺流程

蛋黄糊调制→蛋白打发→调糊、拌匀→入模→烘烤→打发淡奶油→切分蛋糕→涂面、封边→裱花、装饰→包装。

(二)操作要点

1. 配料

配方:低筋面粉 68 g,柠檬汁几滴,盐 1 g,牛奶 72 g,玉米油 40 g,鸡蛋 4 个,细砂糖 50 g,黄色素适量,淡奶油 500 g,淡奶油用糖 50 g。

2. 蛋黄糊调制

鸡蛋蛋黄和蛋清分离后,蛋黄中放入 20 g 白砂糖,把蛋黄和糖搅拌均匀后倒入牛奶中,再搅拌均匀,筛入低筋面粉,再次搅拌均匀。

3.蛋白打发

蛋白用打蛋器低速打至产生粗泡后，加入几滴柠檬汁和剩余的 30 g 白糖。高速打发至形成干性蛋白霜。

4.调糊、拌匀、入模

取 1/3 蛋白霜加入蛋黄液中，翻拌均匀，再取 1/3 蛋白霜放入蛋黄液中，翻拌均匀，拌好的蛋黄糊倒入剩余的蛋白霜中，翻拌均匀，形成顺滑的面糊，倒入 8 寸戚风模具(模具涂油)，振出大气泡，抹平。

5.烘烤

烤箱预热 150 ℃，将模具放入烤箱中下层，上、下火烘烤 20 min，再调温至 170 ℃，烤 25 min。烤好后取出，倒扣，晾凉，脱模。

6.打发淡奶油

淡奶油加糖后搅打成不流动状态。

7.切分蛋糕

脱模后的蛋糕，用切刀分成 3 大片。

8.涂面、封边、裱花、装饰

两片蛋糕间的夹层放淡奶油，再用淡奶油将整个蛋糕侧面涂抹均匀。

根据造型需要，调出有颜色的奶油霜，装入裱花袋，挤出小花，先挤出来的小花冷藏保存，最后一起装裱。蛋糕表面摆满花朵，中间放入洗干净的葡萄粒，插上柠檬片等，还可以插上写有祝福语的装饰。制作工艺见图 2-22。

图 2-22　裱花蛋糕制作图

9.包装

包装的目的是防止制品在贮存保管、运输过程中出现损伤,防止空气中的微生物对制品的污染，防止制品吸潮或脱水。包装时应注意以下几点:①轻拿轻放,码齐摆正,垫无味的衬纸;②根据产品的不同特性选择不同形式的包装,而且包装容器里外清洁干燥;③完整包装后严密封口,并在外包装上贴产品名称、等级、净重、生产日期等标志;④一般蛋糕采用聚乙烯薄膜包装效果最佳。

(三)注意事项

(1)裱花是一项技术含量较高的工作,需要扎实的基本功和熟练的手法,制作中的任何不慎,都会导致品质下降,影响成品的美观性,因此,需要加强基本功的练习,做到双手配合默契,动作轻柔,用力均匀。

(2)裱花袋内的原料适量,过多或过少都会影响效果。

(3)图案纹路清晰,线条自然,大小薄厚一致,构图有艺术性。

八、质量标准

(1)抹面要求平整,刀痕不明显,不露坯,表面没有气泡。

(2)横切面整齐,夹层平整,厚度保持在 1 cm 左右。

(3)花边间隙匀称,花的摆放有层次感和立体感,要求花卉形象,花瓣匀称,细腻精致。

(4)整体搭配颜色分明,清晰明朗,有层次感。

九、思考题

裱花蛋糕的淡奶油打发后如何进行裱花?

实操要求

1.以小组为单位,各小组提交实验方案。

2.采购原辅料,清洗设备及器具。

3.填写裱花蛋糕制作关键操作要点表(表 2-16)。

表 2-16　裱花蛋糕制作关键操作要点表

产品名称	原料配比	调糊	入模具	排气	烘烤	裱花

4.完成实验任务单的填写。

5.完成成品分析单的填写。

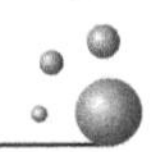

生活链接

裱花蛋糕的基本知识

1. 裱花蛋糕常用花嘴及常见图形(图 2-23)

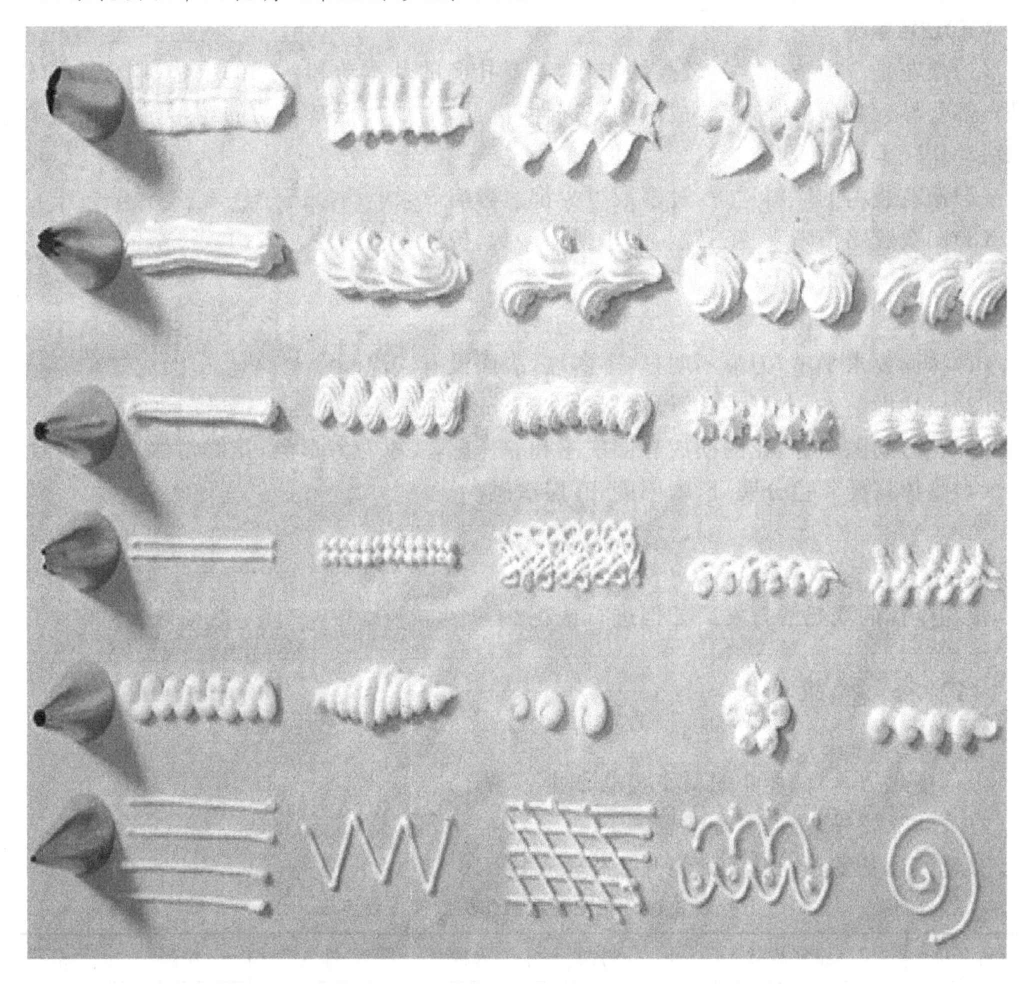

图 2-23 裱花蛋糕常用花嘴及常见图形

2. 花型练习(图 2-24)

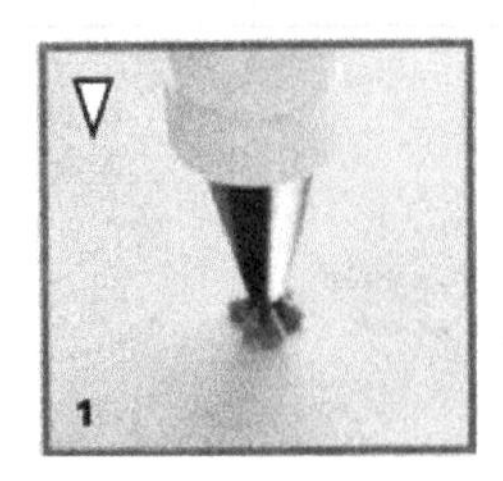

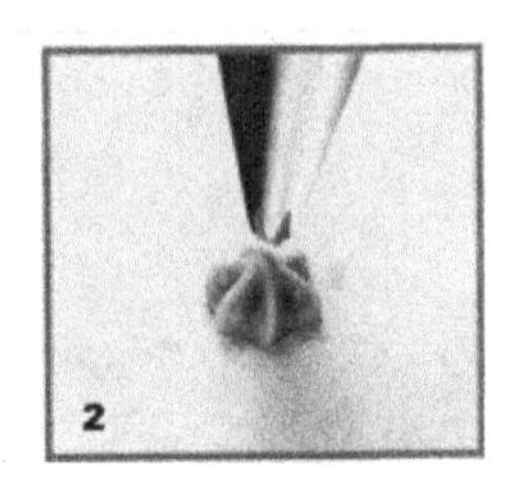

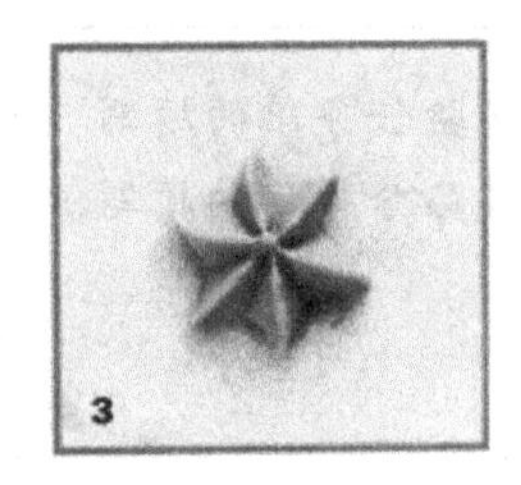

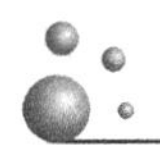

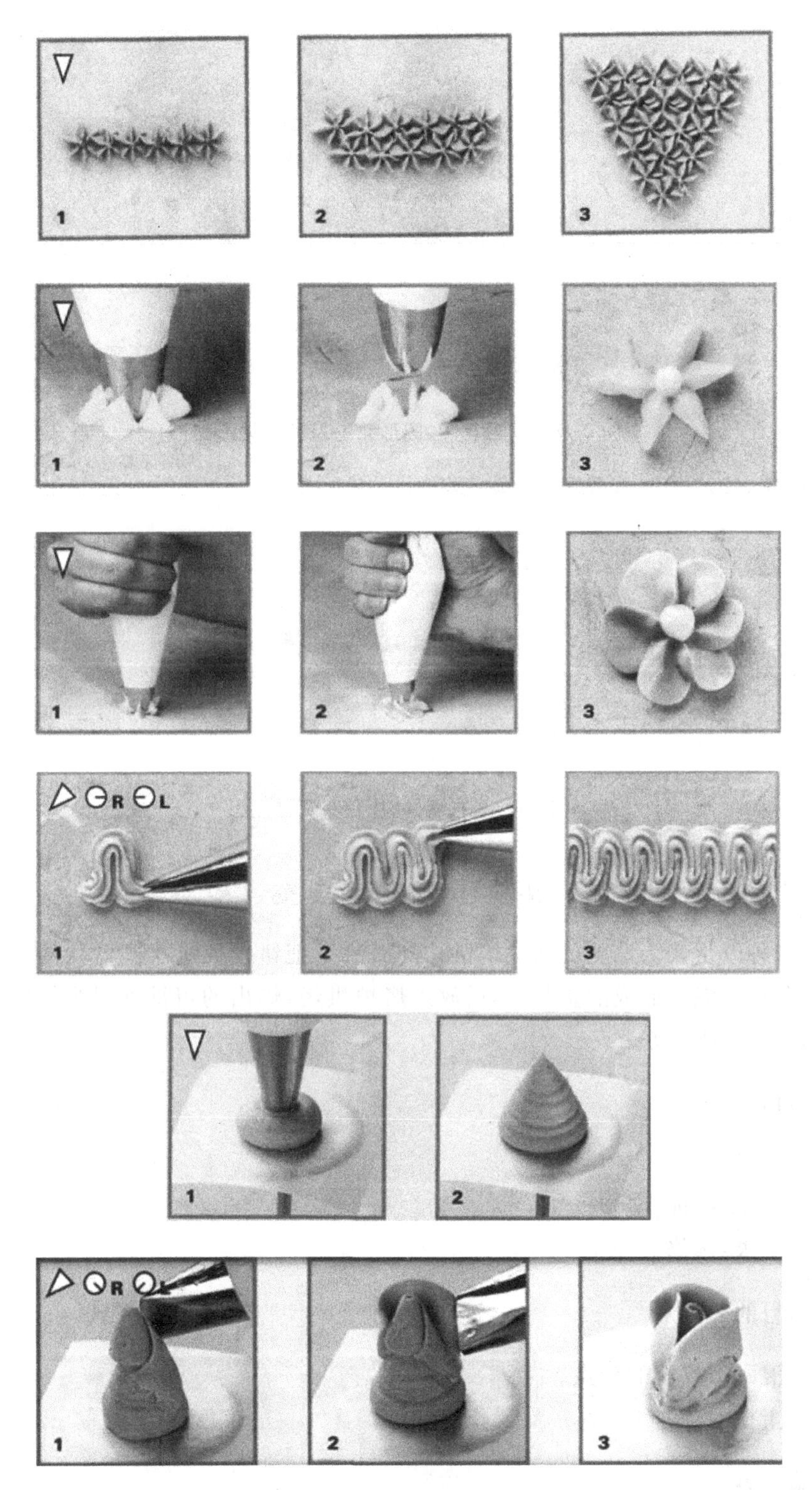

图 2-24　花型练习

3. 常见裱花嘴型及其图案

(1)星形花嘴、圆形花嘴及其常见造型(图 2-25)。

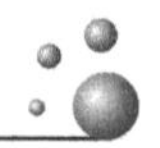

图 2-25 星形花嘴、圆形花嘴及其常见造型

(2)蓝花嘴、叶片花嘴及其造型(图 2-26)。

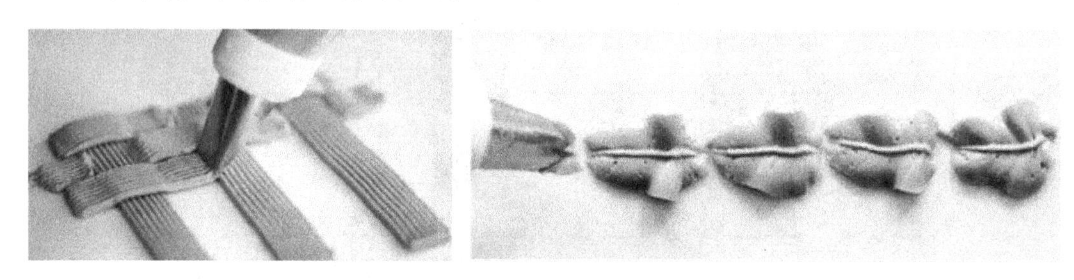

图 2-26 蓝花嘴、叶片花嘴及其造型

实验五 制作蛋挞

蛋挞是一种以蛋浆为馅料的西式馅饼。其做法是把饼皮放进小圆盆状的饼模中,然后倒入由砂糖及鸡蛋混合而成的蛋浆,然后放入烤炉烘烤,烤出的蛋挞外层为松脆的挞皮,内层为香甜的黄色凝固蛋浆。

一、实验认知

(1)实验学时:4。

(2)实验类型:验证性实验。

(3)实验要求:选修。

二、实验目的

(1)了解混酥类点心的特点。

(2)掌握蛋挞的制作工艺与一般操作步骤。

三、实验内容

由低筋粉、蛋、油调制油皮面团,多次对折,入模具整成固定造型的面坯,调制蛋奶糊,入生坯模具烘烤。

四、实验原理

制作油酥面坯，制得层次分明的蛋挞皮，由蛋、奶、油调制有一定蓬松性的蛋奶糊，入模具，在一定温度下，生坯熟化，蛋奶糊成型。

五、实验形式

根据本实验的特点、要求和具体条件，采用教师集中授课、学生以小组为单位集中实验的形式，各组相互学习、分享经验。

六、实验条件

材料：低筋面粉、水、蛋、酥油（或黄油）、白砂糖、泡打粉、牛奶。

设备：搅拌机、打蛋机、不锈钢盆、烤炉、烤盘等。

七、实验步骤

（一）工艺流程

面团调制→制浆→成型→入模→烘烤→脱模→冷却。

（二）操作要点

1. 配方

皮料：低筋面粉 1000 g，水（或蛋）125(200) g，酥油（或黄油）500 g，白砂糖 250 g，泡打粉 10 g。

浆料：鸡蛋 280 g，白砂糖 140 g，牛奶 1000 g。

2. 预热烘箱

上火 200 ℃，下火 210 ℃。

3. 面团调制

称量物料，面粉（加入泡打粉、白砂糖）过筛。将鸡蛋打入打蛋机中，低速搅打至鸡蛋混合均匀，徐徐加入面粉，慢速搅拌均匀，至 15 min 左右面筋完全析出时加入酥油，搅拌成面团。用保鲜膜包起面团，放在冰箱里冷藏 20 min 进行松弛。

4. 制浆

将牛奶、蛋和糖一起搅打均匀，制成蛋挞浆。

5. 成型

案板上施薄粉，将松弛好的面团用压面棍擀成长方形（约 1 cm 厚），再将其对折成四层，再擀薄。如此重复折叠 3 次，最后擀成 0.3 cm 厚的薄皮。擀时四个角向外擀，这样擀得比较均匀。

6. 入模

用花边印模将面皮按压成一定大小的圆块。圆块翻面放入模具中，面块贴紧内壁制成生塔坯。将事先备好的蛋挞浆倒入蛋挞皮中。

7. 烘烤

将装有生坯的烤模置于已预热的烘箱内烘烤，时间为 13～15 min，烤熟后立即取出。

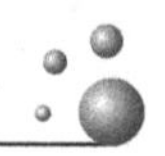

8. 脱模、冷却

将出炉的蛋挞立即反扣脱模，置于空气中自然冷却至室温。

八、质量标准

蛋挞皮有层次、酥脆，蛋浆表面光滑，反倒时蛋浆不流动，有蛋黄的颜色和香味。

九、思考题

制作蛋挞浆的标准是怎样的？能否添加面粉？

实操要求

1. 以小组为单位，各小组提交实验方案。
2. 采购原辅料，清洗设备及器具。
3. 填写蛋挞制作关键操作要点表(表 2-17)。

表 2-17　蛋挞制作关键操作要点表

名称	原料配比	蛋挞皮制作	蛋挞浆调制	灌模	烘烤

4. 完成实验任务单的填写。
5. 完成成品分析单的填写。

任务四　制作中式糕点

糕点是指以面粉(或米粉)、糖、油脂、蛋、乳品为主要原料，配以各种辅料、馅料和调味料，初制成型，再经蒸、烤、炸、炒等方式加工制成的品种多样、花式繁多的产品。糕点含有丰富的营养价值。

实验一　制作广式月饼

广式月饼起源于 1889 年，在选料和制作技艺上别具一格，具有皮薄、馅多、造型美观等特点，常见的椰丝、橄榄仁、广式香肠、叉烧肉、咸蛋等都可用来作为广式月饼的馅料，可形成不同的风味。

一、实验认知

(1)实验学时:4。
(2)实验类型:验证性实验。
(3)实验要求:选修。

二、实验目的

(1)了解常见月饼的品种及其特点。

(2)掌握广式月饼制作的一般工艺及关键步骤。

三、实验内容

把油、糖浆和枧水彻底乳化之后加入粉类，翻拌均匀，再加月饼粉，调制成有光泽的面团，彻底松弛。之后做饼皮，制馅料，包馅料，造型，烘烤。

四、实验原理

糖浆、油的添加，能充分发挥面团的可塑性、韧性和延展性，有助于月饼的上色。枧水可防止月饼发酸，有助于提升口感及上色效果。

五、实验形式

根据本实验的特点、要求和具体条件，采用教师集中授课、学生分组集中实验的形式，相互学习，分享经验。

六、实验条件

原料：高筋粉、低筋粉、油、鸡蛋、砂糖、大起子、馅料、化学稀等。

用具：模具、烤炉、不锈钢盆、搅拌机、电子秤、量杯、刮刀、油刷、锡纸、保鲜膜等。

七、实验步骤

(一)工艺流程

配料→熬浆、制馅→和面→包馅→成型→烤制→冷却→包装。

(二)操作要点

1. 配方

精粉 1000 g(高筋粉与低筋粉的比例为 1∶9)，砂糖 350 g，葡萄糖浆 90 g，花生油 250 g，枧水 15 g，小苏打 5 g，熬糖浆用水 150 mL，成品刷面用鸡蛋 2 个，豆沙 1000 g。

2. 熬浆

应提前一两天把和皮面的浆熬好(最好直接买糖浆)。和面时所用糖浆的温度应在 42 ℃左右，以防成品出现崩顶等现象。

3. 调制浆皮面团

将冷却了的糖浆和油放入和面机搅拌至均匀。调制均匀的油糖浆“油不上浮，浆不沉淀”。再加入面粉，搅拌均匀，即成浆皮面团。一般面团调制应在 30 min 内完成，以防面团“走油”上劲。调好的面团用保鲜膜裹住，自然松弛。

4. 制馅

将糖、油及面粉、饴糖等放入和面机内搅拌均匀，再加入各种果料并搅拌均匀。馅过硬，可用油或饴糖软化，不宜用水，以防成品馅芯硬化。

5. 包馅、磕制

包馅时，将浆皮面团制成小面剂，馅切块，揉成圆柱形，甩手包制(如果是蛋黄馅，应将蛋黄包进馅料内，搓成球状)，再将生坯放入模子内磕制成形。可以事先在花片和模具周围刷一层薄薄的油。烤箱应预热。包馅时面团的温度以 22～28 ℃为宜，面团随用随调。

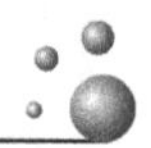

6. 烤制、冷却

将生坯按一定间距放入烤盘，喷适量水，入炉烘烤。炉温为 180～220 ℃，烤 5～6 min 后，刷一层蛋液后再烤。烤 7～8 min 后再次刷蛋液。经 10～20 min，看到月饼的外表稍有凸起，同时表面已经上色，即可出炉，即刻刷月饼专用油，再经 20～30 min 自然冷却，便可包装。

7. 回油

刚烤出的月饼饼皮是比较干燥的，要彻底放凉后盖起来回油一两天，回油之后表面油润光亮。

(三)注意事项

(1)馅心一定要保证低含水量，否则月饼易裂口。

(2)枧水以纯碱和水 1∶3 的比例配置。

(3)饼皮和馅料按 3∶7 的比例配制。饼皮最好不要冷藏，冷藏之后容易变硬，即使回温，也容易粘手。

(4)制作饼皮时，一定要先把油、糖浆和枧水彻底乳化之后再加入粉类。

(5)制作月饼多用低筋粉或月饼粉，若筋含量过高，在和面时会产生筋力，使韧性增加，做出的月饼易收缩变形，而且饼皮无光泽、不光滑，甚至还会起皱。

八、质量标准

(1)形态：扁圆形，花纹清细，不崩顶，不拔腰，不凹底。

(2)色泽：表面光润，呈深麦黄色。

(3)组织：细密松软，不偏皮，不空腔，无杂质。

(4)口味：绵酥可口，具有各种果料的香味，无异味。

九、思考题

月饼皮为何会粘手？

实操要求

1. 以小组为单位，各小组提交实验方案。

2. 采购原辅料，清洗设备及器具。

3. 填写广式月饼制作关键操作要点表(表 2-18)。

表 2-18　广式月饼制作关键操作要点表

名称	原料配比	调制面团	做馅料	包馅	压型	烘烤

4. 完成实验任务单的填写。

5. 完成成品分析单的填写。

实验二　制作沙琪玛

沙琪玛是一种特色甜味糕点，以其松软香甜、入口即化的优点，备受人们喜爱。

一、实验认知

(1)实验学时:4。
(2)实验类型:验证性实验。
(3)实验要求:选修。

二、实验目的

(1)了解沙琪玛的制作原理。
(2)掌握沙琪玛的制作过程。

三、实验内容

由鸡蛋调粉制成软硬适中的面团，经擀制后切割成面条，再进行油炸。熬制糖浆，裹入面条，入模具成型，切成块状。

四、实验原理

鸡蛋加入面团可使面团呈黄色，面条在油炸时，蛋白可促进美拉德反应，蛋黄能起到一定的乳化作用，使成品产生诱人的金黄色，并呈现蛋香味。

五、实验形式

根据本实验的特点、要求和具体条件，采用教师集中授课、学生分组集中实验的形式，相互学习，分享经验。

六、实验条件

材料:高筋面粉、发酵粉、鸡蛋、水、砂糖、麦芽糖、蜂蜜、葡萄干、青梅、瓜仁、芝麻仁、桂花等。

设备:搅蛋机、和面机、压面机、发酵设备、油炸机、过滤机、加热炉、煮糖锅、分切机、枕式包装机。

七、实验步骤

(一)工艺流程

打蛋→和面→第一次醒发→压面、切面→第二次醒发→油炸→煮糖→拌糖→成型、分切→包装、打码。

(二)操作要点

1. 配料准备

材料:高筋面粉 2000 g，发酵粉 30 g，鸡蛋 30 个，水 。

糖水材料:砂糖 1500 g，麦芽糖 1500 g，蜂蜜 150 g，水 。

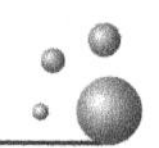

其他辅料：葡萄干，青梅，瓜子仁，芝麻，桂花。

2. 打蛋

打蛋前先认真检查鸡蛋的品质，发现品质不好的鸡蛋，要及时剔除。蛋液应澄清，无异物，无异味，不得混有杂物和蛋壳。均匀慢速地倒入奶粉，防止奶粉结块。搅蛋时电机保持较高转速，搅蛋时间为 4～5 min，以保证良好的乳化效果。搅好的蛋液颜色乳黄，泡沫细腻丰富，流动性好，奶香浓郁。

3. 调制面团

面粉放入和面机内，另将配料一同放入，先搅拌均匀，最后将蛋液倒入和面机进行搅拌。面团应软硬适中，有一定的韧性。软硬度可根据温度变化，适当用鸡蛋液来调节，使之符合工艺要求。

4. 第一次醒发

面团用清洁塑料纸包好放入醒发房内，醒发 60～180 min，确保面团醒发质量。

5. 切面

面团醒发完成，切成块后转入切条机，切成均匀一致、厚度适中（长 20 mm、宽 5 mm、厚 1～1.5 mm）的面条。

6. 第二次醒发

将成型面条均匀铺于醒发盘内，撒生粉适量，以防面条相互粘连，醒发 60～180 min。

7. 油炸

油炸时，面条要抖开，投放要均匀，温度控制在 180 ℃左右，不能出现结块和焦黄的面条，油炸后面条的颜色应统一。

8. 熬糖、拌糖

将砂糖和水放入锅中烧开，加入饴糖、蜂蜜和桂花或食用香精，熬至可用工具拔出单丝，过筛网过滤，倒入保温桶内待用。一般糖现熬现用。之后将面条、葡萄干、芝麻、青梅等辅料加入糖浆，搅拌均匀。

9. 成型、冷却、包装

将混合均匀的糖浆面条输送至成型机上铺平（铺料时应做到铺料均匀，四周压紧，表面无明显大孔，并剔除杂物），压成型（机械连续化操作或人工操作），在成型后添加葡萄干、青梅、瓜子仁、芝麻、桂花等辅料。经板压、滚压后应无裂纹、无压破、无松散。温度控制在 5～15 ℃之间。成型冷却后根据需求进行切块。转入冷却间冷却（或自然冷却）。

10. 封口、喷码、金探、装箱

根据实际需求定量切块，对符合质量要求的合格品进行包装、封口、喷码。进行金属探测检测，并装箱待售。

（三）注意事项

（1）油缸应有足够的棕油，各种原、辅料准备充分。

（2）油炸时要注意控制油温及时间，防止面条未熟透或过火。

（3）糖必须现熬现用。

（4）注意糖浆和面条的投放量，面条与糖浆搅拌均匀。

八、质量标准

（1）形态：外形整齐，大小一致，无霉变、生虫。

(2)色泽:呈淡黄色或金黄色或该品种特有的颜色。

(3)组织:组织疏松、绵软、不松散。

(4)滋味气味:口感绵甜松软,甜而不腻,入口即化,味道香浓,有蛋香味和该品种特有的风味,无异味,无杂质。

(5)理化指标:蛋白质含量(g/100g)≥5%,总糖含量(以还原糖计)(g/100g)≤35%,粗脂肪含量≤42%。

九、思考题

(1)沙琪玛的制作中,为何糖浆要现熬现用?

(2)沙琪玛的制作中能否使用中筋粉和低筋粉?

实操要求

1. 以小组为单位,各小组提交实验方案。

2. 采购原辅料,清洗设备及器具。

3. 填写沙琪玛制作关键操作要点表(表2-19)。

表2-19 沙琪玛制作关键操作要点表

名称	配料	调制面团	切面	油炸	熬糖	拌糖	造型	切块

4. 完成实验任务单的填写。

5. 完成成品分析单的填写。

实验三 制作老婆饼

老婆饼是以糖、小麦粉、糕粉、饴糖、芝麻等为主要原料制成的一种传统特色名点,是广东潮式月饼中用料较少、做工较简单且为人们所熟知的饼类。

一、实验认知

(1)实验学时:4。

(2)实验类型:验证性实验。

(3)实验要求:选修。

二、实验目的

(1)掌握老婆饼制作的一般过程和操作方法。

(2)掌握包酥的方法。

三、实验内容

调制水油酥、馅料,包馅,成型。

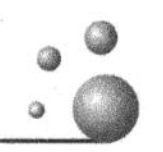

四、实验原理

将水油酥面团制成层次分明、香酥诱人的面皮，馅料很好地结合于酥皮中。

五、实验形式

根据本实验的特点、要求和具体条件，采用教师集中授课、学生分组集中实验的形式，相互学习，分享经验。

六、实验条件

材料：面粉、猪油、水、糖粉、色拉油、椰丝、白芝麻、三洋糕粉。
设备：和面机、电子秤、烤盘、烤箱、小勺等。

七、实验步骤

(一)工艺流程

制馅、制皮→包馅→成型→入模→烘烤→冷却→成品。

(二)操作要点

1. 配方

馅料：温水 500 g，砂糖 400 g，猪油（或黄油）25 g，色拉油 100 g，椰丝 50 g，白芝麻 75 g，三洋糕粉 300 g。

水油酥（面粉 300 g，猪油 25 g，糖粉 25 g，水 150 g）。

2. 制馅

把砂糖、猪油、色拉油、椰丝、白芝麻、水混合在一起，搅拌至糖融化，慢慢加入三洋糕粉，边加边搅拌，直至没有粉粒状物质，静置 30 min，之后将馅料分成 45 g 的小份。

3. 制皮、包馅

调制饼皮，擀成长方形薄片。包馅时，25 g 一个面剂，按扁后包入馅料，收严剂口，呈馒头状，松弛 10 min 左右。

4. 成型

擀成直径约 5 cm 的圆饼，置入盘中再松弛 15 min。

5. 装饰

在表面刷上蛋黄，撒上白芝麻，用刀开两个小口。

6. 烘烤

烤前预热，上火 180 ℃，下火 160 ℃，烤制 25 min。烤至饼鼓起，表面金黄色即可。

(三)注意事项

按成圆饼时动作要轻，以免把馅挤出。

八、质量标准

1. 感官指标

(1)形态：外形整齐，底部平整，无霉变，无变形，具有该品种应有的形态特征。

(2)色泽：表面色泽均匀，具有该品种应有的色泽特征。

(3)组织:无不规则大空洞,无糖粒,无粉块,带馅类饼皮厚薄均匀,皮馅比例适当,馅料分布均匀,具有该品种应有的组织特征。

(4)滋味与口感:味纯正,无异味,口感细腻,具有该品种应有的风味和口感。

(5)无可见杂质。

2. 理化指标

干燥失重量≤42%,蛋白质含量≥4%,总糖含量≤42%。

九、思考题

1. 成型有什么方法及要求?
2. 松弛的目的是什么?

实操要求

1. 以小组为单位,各小组提交实验方案。
2. 采购原辅料,清洗设备及器具。
3. 填写老婆饼制作关键操作要点表(表 2-20)。

表 2-20　老婆饼制作关键操作要点表

名称	配料	皮面团	油酥面团	包酥	造型	烘烤

4. 完成实验任务单的填写。
5. 完成成品分析单的填写。

任务五　制作方便面

方便面是为了适应快节奏的现代生活而出现的食品,通过将切丝的面条进行蒸煮、油炸,让面条形状固定(一般为方形或圆形),食用前以开水冲泡,溶解调味料,将面条加热泡开,在短时间(一般在 3 min 内)内便可食用的即食方便食品,又称快餐面、泡面、杯面、快熟面、速食面、即食面等。它最早由日本日清食品公司于 1958 年推向市场,由于食用方便,受到消费者的欢迎。方便面按工艺可划分为:(1)油炸方便面,面饼经过油炸干燥处理;(2)非油炸方便面(热风干燥方便面),面饼经过热风干燥处理;(3)湿法方便面,是一种水煮型速食面,包括乌冬面、拉面、荞麦面等,经过连续压延、水煮、浸酸、密封包装和常压杀菌等工艺制成,不但具有普通方便面的食用方便、快捷等特点,还可炒制、凉拌等。

一、实验认知

(1)实验学时:4。

(2)实验类型:验证性实验。

(3)实验要求:选修。

二、实验目的

使学生了解并掌握方便面生产的工艺流程和操作要点。

三、实验内容

原、辅料按配比调制面团，辊压面团成面片，切条成型，油炸干燥或热力干燥，冷却包装。

四、实验原理

面条在蒸煮时淀粉糊化，经定量切块后用热风或油炸方式使其迅速脱水干燥，加大其糊化程度，保持糊化淀粉的稳定性，防止糊化的淀粉重新老化。

五、实验形式

根据本实验的特点、要求和具体条件，采用教师集中授课、学生集中实验的形式，相互学习，分享经验。

六、实验条件

材料：面粉、精制盐、碱水(无水碳酸钾 30%、无水碳酸钠 57%、无水正磷钠 7%、无水焦磷酸钠 4%、次磷酸钠 2%)、增黏剂(瓜尔豆胶、羧甲基纤维素)、棕榈油等。

设备：和面机、搅拌机、压面机(5 道辊或 7 道辊)、切面机、波浪形成型导箱、蒸面机、油炸锅等。

七、实验步骤

(一)工艺流程

和面→熟化→复合→压延→切条折花→蒸面→切断成型→油炸干燥→冷却→包装。

(二)操作要点

1. 参考配方

小麦粉 25 kg，精制盐 0.35 kg，碱水(换算成固体)0.035 kg，增黏剂 0.05 kg，水 0.25 kg。

2. 和面

配料加 20 ℃左右的温水搅拌 15 min，搅拌速度为 2～3 r/s。

3. 熟化

在熟化机内进行，时间 15～20 min，搅拌速度 0.6 r/s。

4. 压延

5～7 道辊压，最大压薄率不超过 40%，最后压薄率为 9%～10%。

5. 蒸面

蒸面的温度和时间必须严格掌握，小麦粉的糊化温度是 65～67.5 ℃，蒸面时间以 60～95 s为宜，温度必须在 70 ℃以上。

6. 油炸干燥

将蒸熟的面块放入 140～150 ℃的棕榈油中，油炸时间为 60～70 s。

八、质量标准

1. 感官质量

色泽正常，均匀一致，气味正常，无霉味及其他异味，煮(泡)3～5 min后不夹生，不牙碜，无明显断条现象，无虫害，无污染。

2. 理化指标

水分含量在10%以下，酸值1.8，复水时间3 min，盐分2%，含油20%～22%，过氧化值<0.25%。

九、讨论题

方便面各工艺流程有哪些影响因素？

实操要求

1. 以小组为单位，各小组提交实验方案。
2. 采购原辅料，清洗设备及器具。
3. 填写方便面制作关键操作要点表(表2-21)。

表2-21　方便面制作关键操作要点表

名称	配料	和面	压延	切条折花	蒸面	油炸

4. 完成实验任务单的填写。
5. 完成成品分析单的填写。

任务六　制作膨化食品

膨化食品产生于20世纪60年代末，是以谷物、薯类或豆类等为主要原料，采用膨化工艺(如焙烤、油炸、微波或挤压等)制成的体积明显增大、具有一定膨化度的休闲食品，又被称为挤压食品、喷爆食品、轻便食品等。常见的有雪米饼、薯片、虾条、虾片、锅巴、爆米花、米果等。膨化食品以其口感鲜美松脆、携带便捷、食用方便、原材料来源广泛、口味多变等特点，成为消费者喜爱的食品。

实验　制作锅巴

锅巴是一种休闲食品，含有碳水化合物、脂类、蛋白质、维生素A、B族维生素及钙、钾、镁、铁等，营养丰富。锅巴采用现代工艺，以传统配方(面粉、白砂糖、食用植物油)烘烤而成，不仅香脆可口，而且甜度适中，非常符合现代消费者的口味。

一、实验认知

(1)实验学时：2。

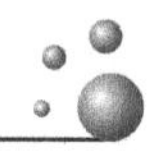

(2)实验类型:验证性实验。

(3)实验要求:选修。

二、实验目的

使学生了解并掌握锅巴生产的工艺流程和操作要点。

三、实验内容

原辅调粉,利用膨化机增大体积,再经油炸上色、调味。

四、实验原理

一般来说,生淀粉(β-淀粉)在水中加热时,会形成 α-淀粉,即淀粉糊化。水分在高温、高压下突然减压,间隙中的水便会产生强大的膨化力,促使淀粉体积膨胀,呈多孔状。蛋白质在高温和高压下会与水形成黏稠状物,减压后形成膨胀水蒸气泡,使蛋白质内部的水蒸发,冷却后的蛋白质便具有高度膨胀的结构。

五、实验形式

根据本实验的特点、要求和具体条件,采用教师集中授课、学生集中实验的形式,相互交流,分享经验。

六、实验条件

材料:米粉、淀粉、奶粉、调味料、辅料、包材等。

设备:搅拌机、混合机、膨化机、油炸机、脱油机、调料机、包装机。

七、实验步骤

(一)工艺流程

备料→混料→搅拌→膨化→切割→油炸→脱油→调味→内包→外包。

(二)操作要点

1. 配方

(1)膨化锅巴配方:米粉 90 克,淀粉 8 克,奶粉、水、调味料各适量。

(2)调味料配方

①海鲜味:干虾仁粉 10 克,食盐 50 克,无水葡萄糖 10 克,虾干子香精 10 克,葱粉 5 克,味精 10 克,姜 3 克,酱油粉 2 克。

②鸡香味:食盐 55 克,味精 10 克,无水葡萄糖 19.5 克,鸡香精 15 克,白胡椒 0.5 克。

③麻辣味:辣椒粉 30 克,胡椒粉 4 克,精盐 50 克,味精 3 克,五香粉 13 克。

2. 混料、搅拌

称量所需的原辅料、调味料。将原料按配方充分混合,然后边搅拌边掺水,水量约为总量的 30%。

3. 膨化

开机膨化前,先将一些水分较多的米粉放入机器中,再开动机器。运转正常后再加入水分含量在15%～18%的半干粉，要求出条半膨化，有弹性，小孔均匀。

4. 切割

将出条用切割机切成长约5 cm的小段。

5. 油炸

当油温为130～140 ℃时，将切好的半成品放入自动油炸机进行油炸。

6. 脱油

将油炸好的锅巴以连续脱油机进行脱油。

7. 调味包装

加入各种调味料，使其均匀地撒在锅巴表面，并尽快称量包装。

八、质量标准

1. 感官标准

具有产品应有的色泽、气味和滋味，无异味，无霉变，无正常视力可见的外来异物。

2. 理化指标

水分(g/100g)≤7；酸价(以脂肪计)(KOH)(mg/g)：含油型≤5。

过氧化值(以脂肪计)(g/100g)：含油型≤0.25。

九、思考题

如果用烤箱，该如何制作锅巴？

实操要求

1. 以小组为单位，各小组提交实验方案。
2. 采购原辅料，清洗设备及器具。
3. 填写锅巴制作关键操作要点表(表2-22)。

表2-22　锅巴制作关键操作要点表

名称	配料	膨化	油炸	调味

4. 完成实验任务单的填写。
6. 完成成品分析单的填写。

模块三　肉制品制作工艺

肉制品，是指以畜禽肉为主要原料，经调味制作的熟肉制成品或半成品。因加工工艺不同，肉制品有腌腊肉制品、酱卤肉制品、干肉制品、熏烧烤肉制品、西式肉制品等之分。常见的品种有香肠、火腿、培根、酱卤肉、烧烤肉、肉干、肉脯、肉丸、调理肉串、肉饼、腌腊肉、水晶肉等。

1. 腌腊肉制品

腌腊肉制品是以鲜肉为原料，配以各种调味料，经腌制、烘烤（或晾晒、风干、脱水）、烟熏（或不烟熏）等工艺加工而成的生肉制品，代表品种有咸肉、中式火腿、腊肠、板鸭等。

2. 酱卤肉制品

酱卤肉制品是将鲜（冻）畜禽肉和可食副产品放入加有食盐、酱油（或不加酱油）、香辛料的水中，经预煮、浸泡、烧煮、酱制（卤制）等工艺加工而成的酱卤系列肉制品，常见品种有德州扒鸡、符离烧鸡、酱牛肉、卤鸡爪等。

3. 干肉制品

干肉制品是以畜禽瘦肉为主要原料，经修整、切块、切丁（或片、条）、煮制、撇油、调味、收汤、干制（摊筛或炒松、搓松）等工艺制成的熟肉制品。

4. 熏烧烤肉制品

熏烧烤肉制品是以熏烤为主要加工方法生产的肉制品，代表品种有熏鸡、烤鸭、熏马肠、熏马肉、羊肉串等。

5. 西式肉制品

西式肉制品起源于欧洲，在北美、日本等地广为流行，生产以机械化为主。此种肉制品加工工艺充分提高了肉的保水性，改善了肉的嫩度，提高了生产效率及出品率。西式肉制品风味多样，携带和食用方便，营养丰富，深受消费者喜爱。常见品种有火腿、香肠、培根等。

任务一　制作腌腊肉制品

腌腊肉制品是中国传统肉制品的典型代表，具有悠久的历史和深厚的文化背景，对世界肉制品加工技术和加工理论的发展做出了贡献。如今，腌腊已不单是防腐的一种方法，而是肉制品加工的一种独特工艺。凡原料肉经预处理、腌制、脱水等工序加工而成的肉制品都属于腌腊肉制品。因此，腌腊肉制品的品种繁多。我国的腌腊肉制品主要有腊肉、腊肠、板鸭、香肚、中式火腿等，国外的腌腊肉制品主要有培根、萨拉米干香肠和半干香肠。

在中国腌腊肉制品中，广式腊味、湖南腊味、四川腊味最具代表性，其中广式腊味是腊味市场上的“绝对主角”，其销售量占全国腊味市场销售总量的50%～60%，在广东，广式腊味的市场比例更是高达80%左右。据不完全统计，广东省正规腌腊肉制品生产企业有上千家，年产值100余亿元人民币，在广东省食品工业产值中占有相当大的比重。

实验　制作广式腊肠

广式腊肠具有外形美观、色泽明亮、香味醇厚、鲜味可口、皮薄肉嫩等特点，深受消费者喜爱。传统的广式腊肠多为家庭作坊式生产，劳动强度大，生产过程的控制多凭经验，腊肠灌制结束后即放置在自然环境中干制，受外界环境条件的影响较大，完全看天气生产，遇到阴雨连绵的天气只能停产。传统腊肠加工多在秋、冬两季，因此在民间有“秋风起，食腊味”的说法。广式腊肠一直沿袭了作坊式生产的一些作法，近几十年来，在生产的自动化方面引进了自动灌装结扎设备，改进了焙烤技术，提高了生产效率，改进了产品品质。

一、实验认知

(1)实验学时:4。
(2)实验类型:验证性实验。
(3)实验要求:选修。

二、实验目的

(1)学会制作广式腊肠。
(2)通过本次实验，掌握中式传统香肠的加工方法。

三、实验内容

将瘦肉粗绞、肥膘切丁后，配以辅料，灌入天然肠衣或人造肠衣，再经晾晒烘烤制成广式腊肠。

四、实验原理

广式腊肠的加工离不开配料糖(调味、发色)、酒(除腥、增香、杀菌、着色)、盐(防腐、调味)、酱油(增色、增香)、硝酸钠(发色、防腐)，配料不仅有助于使产品达到色、香、味的要求，而且起着发色、调味、防腐、增加食品感观性状及提高产品质量的作用。

五、实验形式

根据本实验的特点，采用教师集中授课、学生分组实验的形式，相互交流，分享经验。

六、实验条件

材料:猪肉(4 号肉)、鸡胸肉、背膘、冰水、玉米淀粉、天然色素、亚硝酸钠、胶原蛋白肠衣。

设备及器具:绞肉机、制冰机、搅拌机、真空定量灌肠机、熏蒸炉、修割刀、不锈钢盆、案板、电子秤、盘、挂肠车、不锈钢操作台。

七、实验步骤

(一)工艺流程

原料解冻→选修→绞制/切丁→腌制→搅拌→灌装、挂杆→打针→烘烤。

(二)实验要点

1.配方

4号肉15.3 kg、腌鸡胸肉5.1 kg、腌背膘5 kg、白糖2.25 kg、白酒0.75 kg、味精0.075 kg、淀粉1.25 kg、异维生素C钠0.02 kg、红曲红0.0005 kg、水2.5 kg。

2.原料解冻

原料肉除去外包装,保留塑料膜,放在解冻架上,不得堆叠放置,采用循环空气进行解冻。解冻后原料肉的中心温度控制在0~4 ℃,要求无硬心,并控干解冻水分。

3.选修

解冻后的原料肉应修去表面的淤血、碎骨、污物等,洗涤干净并控干残留水分。

4.绞制/切丁

将选修好的原料肉在绞肉机上绞制成5 mm大小的颗粒,绞制好的肉温不得超过8 ℃。背膘不用绞制,但要预先分切成0.5 cm^2 的颗粒。

5.腌制

①腌制用料配比:100 kg原料肉中加入2 kg食盐、15g亚硝酸钠。

②分别加入绞制/切丁的原料肉、腌制料搅拌5~6 min,要求腌制料分散均匀。

③在0~4 ℃的环境中腌制24~48 h。

6.搅拌

将腌制好的猪4号肉、鸡胸肉、背膘加入搅拌机后进行搅拌,然后加入配方中的其他辅料,要求混合均匀,不宜过久搅拌,以免瘦肉搅成肉浆,影响肠的质量。时间控制在3~5 min。

7.灌装、挂杆

采用直径20 mm的胶原蛋白肠衣,半成品重量为50 g,扭结3圈,要求灌装长度一致,肠体饱满,松紧度适宜,肠内无空气。然后将灌装好的半成品整齐地悬挂在挂肠车上。

8.打针

用打针机(或特制的针板)在肠身底与面均匀打一次针,使肠内多余的水分及空气排出。

9.烘烤

入熏蒸炉进行烘烤,常见的烘烤参数为炉温58 ℃、时间300 min或炉温55 ℃、时间980 min。

(三)注意事项

(1)灌装结束后若发现肠体中有气泡存在,需用专用工具进行排气,以免影响下一步的烘烤效果。

(2)半成品入炉烘烤前应用水冲洗掉肠体表面黏附的馅料和脏物。

八、质量标准

(1)色泽:色泽鲜明,有光泽,肌肉呈现鲜红色或暗红色,脂肪透明或呈乳白色。普通腊肠的色泽较辣味腊肠的色泽浅。

(2)组织状态:成品肉质干爽,结实致密,坚韧而有弹性但偏硬,指压后无明显凹痕。

(3)气味:具有广式腊肠固有的正常风味。

九、思考题

(1)制作广式腊肠时对添加的猪脂肪有什么具体要求?

(2)灌装结束后可以采用烘烤或自然晾晒的方法进行干制,这两种方法有何差异?

实操要求

1. 以小组为单位,各小组提交实验方案。
2. 采购原辅料,清洗设备及器具。
3. 填写广式腊肠制作关键操作要点表(表3-1)。

表3-1 广式腊肠制作关键操作要点表

名称	配料	绞肉	灌肠	烘烤

4. 完成实验任务单的填写。
5. 完成成品分析单的填写。

任务二 制作酱卤肉制品

酱卤肉制品是我国典型的民族传统熟肉制品,其主要特点是产品酥润,风味浓郁,有的酱卤肉制品带有卤汁,不易包装和保藏,适于就地生产、就地供应。该制品几乎在我国各地均有生产,但由于各地的消费习惯和加工过程中所用的配料、操作技术不同,形成了具有地方特色的多个品种。

酱卤肉制品在风味上有"南甜北咸"之说。季节不同,制品的风味也不同,如夏季口重,冬季口轻。按照加工工艺的不同,一般将其分为三类:

(1)白煮肉类。白煮肉类可视为酱卤肉类未经酱制或卤制的特例,特点是制作简单,仅用少量食盐,基本不加其他配料,基本保持原形原色及原料本身的鲜美味道,外表洁白,皮肉酥润,肥而不腻。白煮肉类以冷食为主,吃时调味,常见的有盐水鸭、白切肉、白斩鸡、白切猪肚、椒麻鸡等。

(2)酱卤肉类。酱卤肉类是将肉与食盐、酱油等调味料和香辛料一起水煮制成的熟肉类制品,是酱卤肉制品中品种最多的一类,风格各异,但主要制作工艺大同小异,可分为酱制品、酱汁制品、蜜汁制品、糖醋制品、卤制品五类。该类产品的特点是色泽鲜艳、味美、肉嫩,具有独特的风味,其色泽和风味主要取决于调味料和香辛料,代表品种有酱牛肉、酱汁肉、卤肉、糖醋排骨、蜜汁蹄髓等。

(3)糟肉类。糟肉类是以酒糟或陈年香糟代替酱汁或卤汁加工的一类产品,特点是制品胶冻白净,清凉鲜嫩,保持了原料固有的色泽和曲酒香气,风味独特。糟制品需要冷藏保存,食用时需添加冻汁,携带不便,因而受到一定的限制,代表品种有糟肉、糟鸡、糟鹅等。

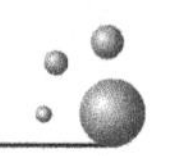

实验一　制作香卤鸭

鸭肉是人们进补的优良食品，适用于上火、食欲不振、体质虚弱、大便干燥和水肿者。

一、实验认知

(1)实验学时:4。
(2)实验类型:验证性实验。
(3)实验要求:选修。

二、实验目的

(1)学会香卤鸭的制作。
(2)通过香卤鸭的制作，让学生掌握酱卤肉制品的加工原理和制作方法。

三、实验内容

原料经注射盐水加快腌制速度，卤煮使肉成熟，冷却、包装。

四、实验原理

根据需求调制不同风味的卤味，经过煮制，使原料肌肉收缩变形，降低肉的硬度，改变肉的色泽，提高肉的风味，达到熟制的作用。

五、实验形式

根据本实验的特点，采用教师集中授课、学生分组实验的形式，相互交流，分享经验。

六、实验条件

材料:鲜(冻)半片鸭、调味料、香辛料、色拉油、蜂蜜等。
设备:制冰机、盐水注射机、真空滚揉机、熏蒸炉、爆鸭炉、夹层锅、不锈钢盆、白色腌制盒盘、菜板、电子秤、挂肠车、线绳、刷子。

七、实验步骤

(一)工艺流程

原料预处理→注射→滚揉→刷蜂蜜、烘干、油炸→卤制→冷却。

(二)实验要点

1. 实验配方

(1)腌制液配比(表 3-2)

表 3-2　香卤鸭腌制液配比

名称	实验用量(kg)
食盐	0.255
白糖	0.285

续表 3-2

名称	实验用量(kg)
味精	0.03
核苷酸二钠	0.0055
亚硝酸钠	0.0018
分离蛋白	0.045
葡萄糖	0.15
异维生素 C 钠	0.015
香精	0.06
冰水	2.0

(2)卤水用量配比(表 3-3)

表 3-3　香卤鸭卤水用量配比

名称	实验用量(kg)
香料	0.1
老姜	0.1
大葱	0.15
老抽	0.15
料酒	0.1
食盐	0.34
白糖	0.38
味精	0.04
核苷酸二钠	0.007
亚硝酸钠	0.0024
葡萄糖	0.2

(3)卤制时每锅用量配比(表 3-4)

表 3-4　香卤鸭每锅用量配比

<table>
<tr><th>名称</th><th>实验用量(kg)</th><th>备注</th></tr>
<tr><td>滚揉后半片鸭</td><td>15</td><td></td></tr>
<tr><td>卤水</td><td>20</td><td></td></tr>
<tr><td>香料</td><td>0.1</td><td>一般在使用 3～4 次后进行更新</td></tr>
<tr><td>老抽</td><td>0.1</td><td rowspan="2">使用新制作的卤水时不添加</td></tr>
<tr><td>料酒</td><td>0.1</td></tr>
</table>

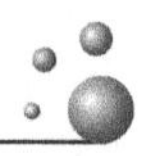

2. 原料预处理

选用经卫生检验、检疫合格的鲜(冻)半片鸭为原料。冷冻原料,除去外包装,保留塑料膜,放在解冻架上,不得堆叠放置,采用循环空气进行解冻。解冻后原料肉的中心温度控制在 0～4 ℃,要求无硬心,并控干解冻水分。

3. 注射

启动盐水注射机,调整压力旋钮至合适的注射压力,将称重后的半片鸭送入盐水注射机进行注射。

4. 滚揉

将注射后的半片鸭放入滚揉机进行真空滚揉。具体工艺参数为:正转 25 min,休息 10 min;反转 25 min,总时间为 4 h。

5. 刷蜂蜜、烘干、油炸

①将滚揉好的半片鸭取出,向鸭皮表面均匀地刷一层蜂蜜水。

②穿好线绳,将半片鸭均匀地挂在挂肠车上,入熏蒸炉进行干燥。具体工艺参数为:炉温 60 ℃,时间 20 min。

③放入爆鸭炉内进行油炸,油温控制在 180 ℃,油炸 15～20s,至鸭皮表面略呈黄色即可。

6. 卤制

①在夹层锅中加入卤水,加入量以能淹没肉面为宜。

②加入处理好的半片鸭,加热至肉汤沸腾,撇去汤面的浮沫,保持肉汤微沸腾,温度控制在 85～90 ℃,卤制 60 min 。

7. 冷却

产品出锅后装盘冷却至常温即可。

(三)注意事项

(1)卤制时卤水量应一次性加够,卤制过程中不允许往夹层锅中添加生水。

(2)卤制时,要经常撇去浮沫。卤制达到产品成熟标准时,应从卤汤的沸腾处取出半成品,使制品不粘卤油。

(3)油炸时应控制好时间和温度。

八、成品标准

骨肉易离,色泽鲜红,肥而不腻,香气四溢,口齿留香,回味有余。

九、思考题

(1)在卤制香卤鸭之前为什么要进行油炸?

(2)香卤鸭可以始终采用大火进行卤制吗?为什么?

(3)香卤鸭在销售前要进行哪些项目的检验?

实操要求

1. 以小组为单位,各小组提交实验方案。

2. 采购原辅料，清洗设备及器具。

3. 填写香卤鸭制作关键操作要点表（表 3-5）。

表 3-5　香卤鸭制作关键操作要点表

名称	配料	盐水注射	滚揉	上色	卤煮

4. 完成实验任务单的填写。

5. 完成成品分析单的填写。

实验二　制作酱牛肉

酱牛肉是指以牛肉为主要原料，经过多种调味料腌制而成的一种肉制品，其源于内蒙古呼和浩特，有补中益气、滋养脾胃、强健筋骨、化痰息风、止渴止涎的功效，适合中气下陷、气短体虚、筋骨酸软、贫血久病及面黄目眩之人食用。酱牛肉鲜味浓厚，口感丰厚，经常被切成片状当作下酒菜食用。冬天食用酱牛肉有暖胃驱寒的功效，是冬季进补的佳品之一。

一、实验认知

(1)实验学时：4。

(2)实验类型：验证性实验。

(3)实验要求：必修。

二、实验目的

(1)学会制作酱牛肉。

(2)通过酱牛肉的制作，让学生掌握酱卤肉制品的加工原理和制作方法。

三、实验内容

选择合适的原料肉，按要求进行修整，调制酱料，控制火候及酱料进行酱制。

四、实验原理

根据需求调制不同风味的酱料，经过酱煮，原料肌肉收缩变形，肉的硬度降低，肉的色泽改变，肉的风味提高，达到熟制的作用。

五、实验形式

根据本实验的特点，采用教师集中授课、学生分组实验的形式，相互交流，分享经验。

六、实验条件

材料：鲜牛肉（或冷冻肉）、黄酱、食盐、香辛料。

器具：夹层锅、不锈钢盆、菜板、电子秤、刷子、铁拍子等。

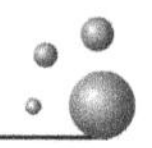

七、实验步骤

(一)工艺流程

原料预处理→清煮→调酱→酱制→出锅→成品。

(二)操作要点

1. 配方

主料:生牛肉 10 kg。

辅料:黄酱 1 kg,食盐 0.3 kg,桂皮 25 g,丁香 25 g,砂仁 25 g,八角 25 g,花椒 25 g,葱、姜各 200 g,料酒 100 g,味精 25 g,白糖 100 g,苏打粉 12 g。

2. 原料预处理

选择纯瘦肉(精牛肉),切成 0.75～1 kg 的肉块,把切好的牛肉放入清水中,加入苏打粉,煮 35 min 后捞出,放在清水中洗两次,捞出,沥干水分。

3. 调酱

锅内加入 10 kg 清水,稍加温后,将食盐的一半用量和黄酱放入。煮沸 1 h,撇去浮在汤面上的酱沫,盛入容器内备用。

4. 酱制

把肉块放在锅内,倒入调好的酱汤。煮沸后加入各种配料,以压锅板压好,用旺火煮制 40 min 左右。

5. 出锅

为保持肉块完整,出锅时要用特制的铁拍子,把肉一块一块地从锅中托出,并随即用锅内原汤冲洗,除去肉块上沾染的料渣,码放在消过毒的屉盘上,冷却后即为成品。

八、质量标准

色泽酱红,油润光亮。切片后保持完整不散,切面呈豆沙色,肌肉中的少量牛筋,色黄而透明。食之酱香浓郁,咸淡适中,酥嫩爽口,不硬不柴。

九、思考题

酱牛肉的制作过程及操作要点是怎样的?

实操要求

1. 以小组为单位,各小组提交实验方案。

2. 采购原辅料,清洗设备及器具。

3. 填写酱牛肉制作关键操作要点表(表 3-6)。

表 3-6 酱牛肉制作关键操作要点表

名称	配料	清煮	酱制

4. 完成实验任务单的填写。

5. 完成成品分析单的填写。

生活链接

自制椒麻鸡

椒麻鸡起源于新疆呼图壁县，是广泛流传于四川、重庆、新疆等地的传统名菜。主材料是开膛鸡肉，主要烹饪工艺是煮。成品麻醇咸鲜，质地软嫩，清爽可口。2018 年 9 月 10 日，在河南郑州举办的首届向世界发布“中国菜”活动暨全国省籍地域经典名菜、名宴大型交流会上，椒麻鸡赫然亮相。

1. 材料准备

鸡肉最好选用农家土鸡，先顺鸡关节剪掉鸡爪，并剪去鸡爪上的指甲。去除鸡屁股及凸出部位、鸡肚子内的杂物、脖子、头，清洗干净鸡身。

2. 卤煮

鸡、鸡爪冷水入锅，开火煮，刚起白沫时，放入盐，沫渐多时，去除浮沫。放入花椒粒、干辣皮子、白芷、草果、红枣、香叶、八角、桂皮、葱、姜，熬煮出香味，煮制 50～120 min。煮制时间与鸡的品种有关，煮到用筷子能戳破鸡身即可。鸡肉煮熟后可以用凉开水冷却(首选)，也可以放凉。在煮鸡时可以将千页豆腐、木耳(温水泡发)、素鸡、腐皮、腐竹一起放入煮熟，过冷开水备用。

3. 调汁

煮鸡肉的同时将线椒泡软捏干，大葱切成小段备用。将撇掉油的鸡汤趁热倒入备好的装线椒、大葱的盆中，然后放入盐、花椒油进行调味。

4. 撕鸡、调味

洋葱切丝，鸡肉手撕成小块，将鸡肉、腐竹、木耳、椒麻鸡汁等拌匀。

椒麻鸡的制作如图 3-1 所示。

图 3-1 椒麻鸡的制作

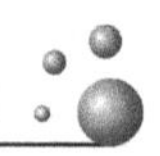

任务三　制作熏烧烤肉制品

熏烧烤肉制品是以鲜、冻畜禽肉为原料，经选料、修割、腌制（或不腌制）后，再经烟熏、烤或高温空气烘（烧）烤，或以盐、泥等固体为加热媒介煨烤而成的熟肉制品。常见的熏烧烤肉制品有烧鸡、烤鸡、烤鸭、叉烧肉、烤羊肉、烤乳猪、烤羊肉串、叫化鸡、脆皮烧鹅、熏鸡、烤鱼片和熏鱼等。

实验一　制作五香熏兔

兔肉性凉味甘，在市场上享有盛名，被称为保健肉、荤中之素、美容肉、百味肉等，是肥胖者和心脑血管病人的理想肉食。兔肉属高蛋白、低脂肪、低胆固醇肉类，质地细嫩，味道鲜美，营养丰富，与其他肉类相比，具有很高的消化率（85%），食用后极易被消化吸收，这是其他肉类所不可比拟的。

一、实验认知

（1）实验学时：4。
（2）实验类型：验证性实验。
（3）实验要求：必修。

二、实验目的

1. 学会制作五香熏兔。
2. 通过五香熏兔的制作，让学生掌握烟熏肉制品的加工原理和制作方法。

三、实验内容

解冻原料，按需求配置腌制液，对兔肉进行液态腌制，配置五香卤煮料卤制后烟熏兔肉。

四、实验原理

原料肉经烟熏会具有特殊的烟熏风味。烟熏使制品产生特殊的烟熏色，可以起到脱水干燥、抑制微生物活性、使肉品的耐储存性增强的作用。烟气成分渗入肉内部，还可防止脂肪氧化。

五、实验形式

根据本实验的特点，采用教师集中授课、学生分组实验的形式，相互交流，分享经验。

六、实验条件

材料：兔肉（新鲜或冷冻）、葱、姜、料酒、红糖、锯末、花椒、大料、砂仁、桂皮、良姜、丁香。
器具：夹层锅、箅子、不锈钢桶、电子秤、熏锅等。

七、实验步骤

(一)工艺流程

原料预处理→腌制→煮制→熏制→成品。

(二)操作要点

1. 配方

基本调料:葱、姜各 150 g,料酒 100 g,红糖 60 g,锯末 20 g。

佐料:花椒、大料、砂仁、桂皮、良姜、丁香各 25 g。

2. 原料预处理

选 4～6 个月龄的兔胴体,放在清水中解冻,解冻好后,用带针的木板将兔肉打孔。

3. 腌制

先将葱、姜洗净,姜切片,之后和葱、八角一起入锅放水煮至沸腾,然后倒入腌制缸或桶中,加盐,冷却至常温待用。处理好的兔肉入缸腌制,常温腌制 4 h。

4. 煮制

腌制好的兔肉放在清水中漂洗,捞出后沥去表面的水分即可下锅。将以上配好的原、辅料放在锅内,加入适量水,水的数量以刚好浸泡兔肉为度。汤配好后,将锅放在火上,一边烧火一边搅动,待汤沸腾时放入兔胴体,大火煮开 3 min,然后小火焖煮 30 min,待兔肉熟透后捞出,用净布擦干兔肉上的汤。

5. 熏制

将擦干的兔肉放在熏箅上,锅内放一些干阔叶树的锯末(香木锯末更好)。加入红糖少许,同锯末混合均匀,在锅底摊开。置熏箅于已准备好的锅上,盖好锅盖,开始烧火熏制。当锅盖边缘冒白烟的时候,将锅端离暂停片刻,再烧火熏,连续两次,大约半小时即成。

八、质量标准

整个兔胴体呈红褐色,味香不腻。

九、思考题

用烟熏的目的是什么?

实操要求

1. 以小组为单位,各小组提交实验方案。

2. 采购原辅料,清洗设备及器具。

3. 填写五香熏兔制作关键操作要点表(表 3-7)。

表 3-7　五香熏兔制作关键操作要点表

名称	配料	清煮	熏制

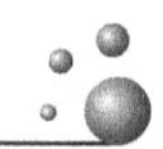

4. 完成实验任务单的填写。

5. 完成成品分析单的填写。

实验二　制作烤羊肉串

新疆的烤羊肉串是维吾尔族的一种传统小吃，风靡全国，受到广大群众的青睐。烤羊肉串的制作原料主要有羊肉、洋葱、孜然、辣椒粉、盐等。羊肉肉质细嫩，性温味甘，容易消化，高蛋白，低脂肪，含磷脂多，较猪肉和牛肉的脂肪含量少，胆固醇低，是冬季防寒温补的美味之一，既可食补，又可食疗，为典型的强壮祛疾食品，有益气补虚、温中暖下、补肾壮阳、生肌健力、抵御风寒之功效。

一、实验认知

(1)实验学时：4。

(2)实验类型：验证性实验。

(3)实验要求：必修。

二、实验目的

(1)学会制作烤羊肉串。

(2)通过烤羊肉串的制作，让学生掌握烟熏、烤制肉制品的加工原理和制作方法。

三、实验内容

羊肉分割切块，加入盐、调味料、鸡蛋等辅料腌制，腌制好的羊肉肥瘦搭配串在肉串上，经烘烤(或烟熏)、调味，制得美味。

四、实验原理

肉串经高温会在表面产生一种焦化物，从而使制品香脆酥口，有特殊的烤香味，其原因是肉类中的蛋白质、脂肪等在加热过程中发生了一系列化学变化。腌制中加入的辅料有增香作用。烧烤前淋水，会使皮层蛋白凝固、皮层变厚，烤制时，在热空气的作用下，蛋白质变脆。

五、实验形式

根据本实验的特点，采用教师集中授课、学生分组实验的形式，相互交流，分享经验。

六、实验条件

材料：羊肉、洋葱、孜然粉、精盐、辣椒粉、酱油、五香粉等。

器具：电烤箱、碳烤炉、铁签、锡箔纸、烤盘、案板等。

七、实验步骤

(一)工艺流程

原料预处理→腌制→串肉→烤制→成品。

(二)操作要点

1. 明火烤

(1)配方

主料:羊肉,最好选用新鲜的羊羔肉。

辅料:洋葱,孜然粉,精盐,辣椒粉。

(2)原料预处理

选用符合卫生检验要求的鲜嫩羊肉做加工原料。羊肉先放到冰箱里保存一段时间,然后切成条,再切成厚片。

(3)腌制

将洋葱切碎,放在切好的羊肉上,加入少许盐,再打两个鸡蛋(或放适量淀粉),拌匀。再根据需要加老抽、调味料等,腌制 20 min 左右。

(4)串肉

将腌制好的羊肉穿在签子上,羊肉要肥瘦搭配。如每串穿五块羊肉,中间为肥羊肉,两头瘦羊肉,肥瘦相间。

(5)烤制

串好的羊肉串,放在燃烧正旺的烤槽上(燃料可用无烟煤或木炭),大火烤制(使用木炭烤炉需要边扇边烤,为避免烤糊,一定要勤翻面)。先将辣椒面均匀地撒在羊肉串上(在烤制过程中,辣椒面会吸附部分烤出的油脂,滴入炭火中的油脂减少)。烤至六成熟时,均匀地撒上适量的盐。待完全烤熟后均匀地撒上孜然粉,翻烤数次即可。

2. 烤箱烤

(1)配料

主料:羊肉。

辅料:油、盐、孜然、辣椒粉、淀粉、白糖、葱姜末、花椒粉、料酒。

(2)原材料预处理

羊肉洗净,控干水分,切成均匀等大的肉块。竹签提前用沸水消毒,备用。

(3)腌制

羊肉中放入除了淀粉之外的各种调料,包括葱姜蒜末和小茴香、花椒水、料酒、盐、糖、少许植物油,用手抓拌均匀,放入冰箱冷藏过夜。

(4)串肉

用竹签串肉。烤盘垫上锡箔纸,肉串码放整齐。

(5)烤制

烤箱 230 ℃预热 5 min 后,把羊肉串铺在烤盘,码放整齐,放入烤箱,于 230 ℃下烤制 7 min,翻面后继续烤 7 min,再翻面烤 15 min,取出后放白糖、孜然、辣椒粉。

(三)注意事项

(1)带白肉的羊肉串烤出来的口感更好;如果是纯瘦肉,烤制的过程中应刷两遍油。

(2)孜然和辣椒粉以及盐在烤制的过程中往串上撒效果最好。

(3)烤制的过程中,烤盘内最好铺锡纸,便于清洗。

(4)烤制时间视肉片大小和烤箱或烤炉的规格而定。

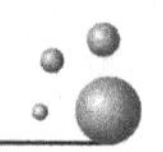

八、质量标准

颜色焦黄，油亮，味道微辣，不腻不膻，鲜嫩可口。

九、思考题

羊肉串中为何加鸡蛋？

实操要求

1. 以小组为单位，各小组提交实验方案。
2. 采购原辅料，清洗设备及器具。
3. 填写烤羊肉串制作关键操作要点表（表 3-8）。

表 3-8　烤羊肉串制作关键操作要点表

名称	配料	腌制	烘烤

4. 完成实验任务单的填写。
5. 完成成品分析单的填写。

任务四　制作干肉制品

干肉制品是以新鲜的畜禽瘦肉为主要原料，加以调味，熟制后再经脱水干制，使水分降低到一定水平的肉制品，包括肉干、肉松、肉脯等。干肉制品营养丰富，美味可口，体积小，重量轻，食用方便，便于保存和携带，备受人们的喜爱。

实验　制作牛肉干

牛肉蛋白质含量高，脂肪含量低，味道鲜美，受人喜爱，享有“肉中骄子”的美称。牛肉干一般是用黄牛肉和其他调料一起腌制而成的肉干。牛肉干含有人体所需的多种矿物质和氨基酸，既保持了牛肉耐咀嚼的风味，又久存不变质。

一、实验认知

（1）实验学时：4。
（2）实验类型：验证性实验。
（3）实验要求：必修。

二、实验目的

（1）学会制作牛肉干。
（2）通过牛肉干的制作，让学生掌握牛肉干的加工原理和制作方法。

三、实验内容

对原料牛肉进行去筋腱、切割等处理后，经初煮、复煮、干燥、冷却等工序制成牛肉干。

四、实验原理

原料牛肉经初煮去除淤血，更易切分，卤制入味、上色，再经干燥处理可大大降低肉中的含水量，很好地抑制了微生物和酶的活性，使产品能长期存储。

五、实验形式

根据本实验的特点，采用教师集中授课、学生分组实验的形式，相互交流，分享经验。

六、实验条件

材料：牛肉（鲜肉或冷冻肉），白糖，五香粉，辣椒粉，食盐，味精，茴香粉，特级酱油，玉果粉。

器具：夹层锅、箅子、粉碎机、电子秤、刀、案板、不锈钢盆等。

七、实验步骤

（一）工艺流程

原料预处理→初煮→复煮→干制→成品。

（二）操作要点

1. 卤煮法

（1）原料预处理

选用新鲜牛肉，除去筋腱、肌膜、肥脂等，切成大小相等的肉块，洗去血污备用。

（2）初煮

将肉块放入锅中，用清水煮开后撇去肉汤上的浮沫，煮至七成熟后，置筛上自然冷却，然后切成 3.5 cm×2.5 cm 的薄片，要求片形整齐，厚薄均匀。

（3）复煮

取一部分原汤，加入配料混匀溶解后，用大火煮开，当汤有香味时，改用小火，并将肉丁或肉片放入锅内，用锅铲不断轻轻翻动，直到汤汁将要干时，将肉取出。

（4）干制

将肉块平铺在烘筛上，60～80 ℃烘烤 4～6 h。

肉块经复煮收汁，虽然汤汁熬尽，但是肉块中还含有较多的水分，必须进一步脱水干制。通常采用的干制方法有 4 种。

①烘干法。将复煮后的肉块铺在竹筐或不锈钢丝筐上，放入鼓风干燥箱或烘箱中烘烤，温度一般控制在 70 ℃左右，需要 4～8 h，待肉样发硬变干即可，成品率在 32%左右。烘烤要均匀，中间要翻动 2～3 次，防止烤焦。

②炒干法。汤汁熬干后，肉块在锅内用微火加热，并不停翻炒，注意避免肉料粘锅。炒至肉表面出现蓬起的茸毛此即为成品，成品率在 30%左右。

③炸干法。如果采用炸干法，不必经过复煮工序，肉切块后，先用 2/3 的配料（其中味

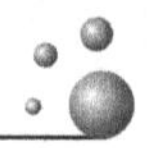

精、白糖和酒后放)与肉块混合均匀,腌渍 20 min 左右。然后用油炸制,油温保持在 150 ℃左右,炸至肉表面呈现微黄色,用漏勺捞起,沥油。再将味精、白糖、酒和其余的 1/3 配料与炸后的肉坯混合,搅拌均匀,即为成品,成品率为 38%～40%。油炸时要控制好油温,波动不宜太大。油温太高,易炸焦,产生焦煳味;油温太低,不易炸干,所得产品的色泽较差。

以上三种方法可以配合使用,例如,可先烘干再油炸,这样,产品表面有一层油膜,不仅色泽好,而且风味会得到一定程度的改善。

④真空冷冻干燥法。真空冷冻干燥技术是一项对食品护色、保鲜、保质的加工新技术。冻干食品的技术含量高、品质优良。用真空冷冻干燥法生产出来的产品口感好,富有营养,不易变质,价格适中。

2. 直接烤制法

(1)原料预处理

牛肉清洗干净后浸泡在水中约 30 min,以去除血水,之后再次清洗。顺着纹路切成食指般粗细的牛肉条,蒜瓣拍扁待用。

(2)腌制

把牛肉条、蒜瓣、生姜和调料放入容器中,用手充分抓匀,以保鲜膜盖好,放入冰箱冷藏 5 h 左右。

(3)烘烤

牛肉腌好后,平铺在锡纸上,表面刷上薄薄的油,放入预热过的烤箱,上、下火 180 ℃,烤 25 min,取出翻面,再放入烤箱烘烤 15 min 直至牛肉变干。

八、质量标准

有光泽,肉质酥松,厚薄均匀,无杂质,口感鲜美,无异味。含蛋白质含量约 52%,水分含量约 13.5%,脂肪含量约 6.3%,灰分含量 1.35%。

九、思考题

牛肉的各种干制方法有何优缺点。

实操要求

1. 以小组为单位,各小组提交实验方案。
2. 采购原辅料,清洗设备及器具。
3. 填写牛肉干制作关键操作要点表(表 3-9)。

表 3-9　牛肉干制作关键操作要点表

名称	配料	卤煮	干制

4. 完成实验任务单的填写。
5. 完成成品分析单的填写。

任务五　制作西式肉制品

20世纪80年代中后期，我国的许多肉联厂从西方国家引进大批肉制品加工设备，相应的肉制品加工技术也随之进入我国，其成品被称为西式肉制品。西式肉制品一般采取低温腌制（0～4 ℃）、低温蒸煮（75～80 ℃）、低温储藏、销售（0～4 ℃），习惯上又被称为低温肉制品。低温蒸煮可以保证蛋白质变性适度，营养成分损失少，最大限度地保留了肉制品的营养价值，且组织细腻，切片良好，鲜嫩多汁，爽口不腻。由于加工方式科学合理，西式肉制品逐渐被越来越多的人所接受，发展空间越来越大。西式肉制品的加工技术包括微生物控制技术、添加剂技术、生化技术、嫩化技术、乳化技术等。

实验一　制作盐水火腿

盐水火腿又叫西式火腿，是大块肉经整形修割（剔去骨、皮、脂肪和结缔组织）、用盐水注射腌制、嫩化、滚揉、充填，再经熟制、烟熏（或不烟熏）、冷却等工艺制成的熟肉制品。它是欧美各国人民喜爱的肉制品，也是西式肉制品中的主要产品之一。由于加工工艺科学合理，产品组织细嫩，色泽均匀鲜艳，口感良好，盐水火腿属高档肉制品。

一、实验认知

(1)实验学时：4。
(2)实验类型：验证性实验。
(3)实验要求：必修。

二、实验目的

(1)掌握制作盐水火腿的工艺流程。
(2)掌握滚揉机、灌肠机、斩拌机、绞肉机的使用方法。

三、实验内容

原料肉处理后，由斩拌机斩成肉泥，添加辅料，滚揉，根据需要装入不同的模具中，熟化、冷却。

四、实验原理

原料肉经修整后绞制成肉粒，转入斩拌机，斩拌中可溶出盐溶蛋白，提高肉的保水性。添加的辅料可以起到增加营养价值、改善组织状况、增强保水性、改善嫩度的作用。灌装后经熏烤程序，成品色泽好、口感佳、存储时间长。

五、实验形式

根据本实验的特点，采用教师集中授课、学生分组实验的形式，相互交流，分享经验。

六、实验条件

材料：猪精肉、复合磷酸盐、白糖、异维生素C钠、亚硝酸盐、玉米淀粉、蛋白、卡拉胶、调味料、香辛料、香精、红曲红、冰水。

器材：绞肉机模具、灌肠机、斩拌机、制冰机、滚揉机、滚揉桶、刀、薄膜、打卡机、炉锅、电子秤、剪刀、不锈钢盆。

七、实验步骤

(一)工艺流程

原料预处理→绞肉、斩拌→灌肠→装模→蒸煮→脱模、冷却→成品包装。

(二)操作要点

1. 原料预处理

原料肉应选经检验合格、质量良好且新鲜的精肉，然后将精肉进行修整，并切成拳头大小的肉块。

2. 绞肉、斩拌

把修整好的肉先倒入绞肉机中绞碎，再转入斩拌机中斩肉。先后加入香辛料、白糖、异维生素C钠、亚硝酸盐、复合磷酸盐、食盐、分离蛋白、玉米淀粉、卡拉胶、红曲红、香精等，斩成肉泥状。在斩拌过程中可用添加冰块的方法控制温度。

3. 灌肠

将斩拌完成的肉倒入灌肠机中。每袋火腿的质量在500 g左右，用打卡机封口。封口后检查密封是否严实，并进行清洗(特别是封口处)。

4. 装模

把清洗好的火腿装进模具中。

5. 蒸煮

将模具放入煮好的料汤中煮制，温度控制在82 ℃左右，蒸煮1.5 h左右。

6. 脱模、冷却

把煮好的火腿取出，放入水桶，用流动的水冲洗1 h左右进行冷却。冷却完毕，取出模具，倒出火腿。

7. 品评

观察火腿的外观，然后切片，进行感官品评。

八、质量标准

(1)外观：肠体均匀饱满，无损伤，表面干净、完好，结扎牢固，密封良好，肠衣的结扎部位无内容物渗出。

(2)色泽：淡淡的肉粉色，具有产品固有的色泽。

(3)组织状态：组织致密，有弹性，切片良好，无密集气孔。

(4)风味：鲜香可口，无异味，有嚼劲，口感略咸。

九、思考题

盐水火腿的制作中有哪些要点？

实操要求

1. 以小组为单位，各小组提交实验方案。

2. 采购原辅料，清洗设备及器具。

3. 填写盐水火腿制作关键操作要点表（表 3-10）。

表 3-10 盐水火腿制作关键操作要点表

名称	配料	斩拌	灌制	烟熏/烘烤	蒸煮	冷却

4. 完成实验任务单的填写。

5. 完成成品分析单的填写。

实验二 制作培根

培根的英语是 bacon，意为烟熏肋条肉（即方肉）或烟熏咸背脊肉。培根是三大西式肉制品之一，其风味除带有适口的咸味之外，还具有浓郁的烟熏香味。培根外皮油润，呈金黄色，皮质坚硬，用手指弹击有轻度的“叶叶”声；肉呈深棕色，质地干硬，切开后肉色鲜艳。

一、实验认知

(1)实验学时：4。

(2)实验类型：验证性实验。

(3)实验要求：必修。

二、实验目的

(1)掌握培根制作的工艺流程。

(2)学习盐水注射的方法及原理。

三、实验内容

原料肉处理后，配置盐水注射液，对肉块进行盐水注射，再经滚揉、入模具、蒸煮、烟熏、冷却等程序制成培根。

四、实验原理

原料肉经注射盐水，可加快腌制速度，经滚揉，可使各辅料均匀分散，充分发挥辅料的保水、嫩化、乳化、粘结作用。

五、实验形式

根据本实验的特点，采用教师集中授课、学生分组实验的形式，相互交流，分享经验。

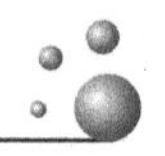

六、实验条件

材料：五花肉、盐、冰水、大豆分离蛋白、香精。

器材：模具、盐水注射机、制冰机、滚揉机、刀、薄膜、锅炉、电子秤、不锈钢盆。

七、实验步骤

(一)工艺流程

原料预处理→盐水注射→滚揉、腌制→压模→蒸煮→冷却、脱模、整形→烟熏、冷却→冷冻、切片→包装。

(二)操作要点

1. 原料预处理

选用经检验合格的去皮大五花肉和精碎肉为原料。原料肉投入使用前温度控制在0～4 ℃。

2. 盐水注射

盐水的注射率为30%，即100 kg原料肉注射30 kg盐水，分两次注射。

3. 滚揉、腌制

将注射后的去皮大五花肉、精碎肉及盐水，一起入锅滚揉，滚揉时间为5 h，每滚揉28 min，休息2 min。全过程转速8 r/min，真空度在90%以上，温度控制在6～8 ℃。在滚揉结束1 h前加入TG-XH和大豆分离蛋白，出锅后放在0～4 ℃的腌制库中腌制48～60 h。

4. 压模

先在模具内铺一层蓝色片膜，修整去皮大五花肉，将表面(去肥膘面)所粘附的碎肉、肉糜、肥膘颗粒刮去，并修掉筋膜状的网状脂肪，铺在模具底部，摊平压实，将滚揉好的精碎肉放置于腹肋肉上，注意保持原料肉平整、伸展(如精碎肉过厚，可用刀片切成薄片)，有坑凹的地方必须补平，防止出现厚薄不均现象。用蓝色片膜将模具内的原料肉盖严。装模时，不能有空隙。

5. 蒸煮

在温度78 ℃下蒸煮90 min，蒸煮结束后喷淋20 min，然后用模具再次压紧后送入0～4 ℃的晾制间冷却。

6. 冷却、脱模、整形

冷却至中心温度在20 ℃以下即可脱模。模具中的肉层层叠放，脱模时要轻拿轻放，避免肉分离。脱模后剥去片膜，修去周边不规则的边角，之后单层摆放在烟熏车上进行烟熏。

7. 烟熏、冷却

在65 ℃下烟熏30～40 min，至产品表面呈金黄色，烟熏结束后在0～4 ℃的晾制间中冷却至中心温度10 ℃以下。

8. 冷冻、切片、包装

将产品放入－10 ℃的冷冻库中冷冻至中心温度为－4～－2 ℃时进行切片。使用切片机切片，单片质量20～24 g，单片厚度不低于1.98 mm。每片培根要求整齐摆放。包装后的产品在4 h内进行速冻，于－33～－28 ℃的速冻机或急冻库中冻至产品中心温度达到－10 ℃以下，之后将冻好的产品装箱，装箱后尽快送入－18 ℃的冷冻库。

八、质量标准

(1)形状:成品形状美观,无分层现象。
(2)色泽:切片四边有明显的烟熏痕迹,肥膘面呈乳白色,肌肉面呈浅棕红色。
(3)风味:无杂质,无异味。

九、思考题

(1)盐水注射液的配制中有哪些注意事项?
(2)培根的制作过程是怎样的?

实操要求

1. 以小组为单位,各小组提交实验方案。
2. 采购原辅料,清洗设备及器具。
3. 填写培根制作关键操作要点表(表3-11)。

表3-11 培根制作关键操作要点表

名称	盐水配置	盐水注射	灌制	烟熏/烘烤	蒸煮	冷却

4. 完成实验任务单的填写。
5. 完成成品分析单的填写。

模块四　乳制品制作工艺

乳制品指的是以牛乳或羊乳及其加工制品为主要原料，加入(或不加入)适量的维生素、矿物质和其他辅料，按照法律法规及标准规定所要求的条件，经加工制成的食品，也叫奶油制品。乳制品包括液体乳(巴氏杀菌乳、灭菌乳、调制乳、发酵乳)、乳粉(全脂乳粉、脱脂乳粉、部分脱脂乳粉、调制乳粉、牛初乳粉)、酸奶、其他乳制品(炼乳、奶油、干酪素、冰淇淋、奶片等)。酸乳和冰淇淋是受消费者欢迎、易加工制作的两种乳制品。

酸乳是以生鲜牛(羊)乳或复原乳为主要原料，添加(或不添加)辅料，使用保加利亚乳杆菌、嗜热链球菌等菌种发酵制成的产品。按照所用原料的不同，可将酸乳分为纯酸牛乳、调味酸牛乳、果料酸牛乳；按照脂肪含量的不同，可将酸乳分为全脂酸乳、部分脱脂酸乳、脱脂酸乳等品种。

冰淇淋是以饮用水、牛乳、奶粉、奶油(或植物油脂)、食糖等为主要原料，加入适量食品添加剂，经混合、灭菌、均质、老化、凝冻、硬化等工艺制成的冷冻食品。

任务一　制 作 酸 奶

酸奶又称乳酪、发酵乳、优酪乳、优格，是一种优质的具有酸甜口味的发酵奶制品，其以牛奶为原料，经过巴氏杀菌后向牛奶中添加有益菌(发酵剂)，经发酵后再冷却灌装。市场上的酸奶制品以凝固型、搅拌型和添加各种果汁、果酱等辅料的果味型居多。酸奶具有调节人体肠道菌群等多种功能。

实验　制作凝固型酸奶

一、实验认知

(1)实验学时:2。

(2)实验类型:验证性实验。

(3)实验要求:必修。

二、实验目的

(1)了解凝固型酸奶的生产工艺流程。

(2)学会制作凝固型酸奶。

三、实验内容

原料乳的杀菌、加糖、接种、发酵培养、后熟。

四、实验原理

牛乳中加入嗜热链球菌、保加利亚乳杆菌等乳酸菌后，乳酸菌分解乳糖产生乳酸，乳酸使牛乳的 pH 值下降，当牛乳的 pH 值下降到牛乳的等电点 4.6 时，酪蛋白凝固，同时产生丁二酮等风味物质，形成酸奶的凝块和风味。

五、实验形式

根据本实验的特点，采用教师集中授课、学生分组实验的形式，相互交流，分享经验。

六、实验条件

材料：液态鲜奶、复原乳（全脂乳粉＋水）、白砂糖、菌种或酸乳、玻璃杯（也可以是纸杯或塑料杯）。

器材：电炉、恒温培养箱、冰箱、电子台秤、玻璃棒、温度计、水浴锅、不锈钢盆、小勺、长把勺、饭勺。

七、实验步骤

（一）工艺流程

配料→制备发酵剂→杀菌→冷却→接种→搅拌→装杯→封盖→培养→后熟→成品。

（二）操作要点

1. 配料

牛奶（或复原乳）1 kg，白砂糖（6%～10%）80 g，菌种（3%～4%）40 g。

2. 制备发酵剂

（1）乳酸菌纯培养物：将 10%的脱脂乳分装于灭菌试管灭菌（15 min/115 ℃），冷却（40 ℃），接种（已活化的菌种：1%～2%），培养（3～6 h/45 ℃），凝固，冷却至 4 ℃冷藏备用。一般重复上述工艺 4～5 次，接种 3～4 h 后凝固，酸度达 90°T 时停止。

（2）制备母发酵剂：将 10%的脱脂乳分装于灭菌的三角瓶（300～400 mL）灭菌（15 min/115 ℃），冷却（40 ℃），接种（乳酸菌纯培养物，2%～3%），培养（3～6 h/37～45 ℃），凝固，冷却至 4 ℃，冷藏备用。

（3）制备工作发酵剂：将 10%的脱脂乳杀菌（15 min/85 ℃），冷却（40 ℃），接种（母发酵剂，2%～3%/15 h），培养（37～45 ℃/3～6 h），凝固，冷却至 4 ℃，冷藏备用。

3. 杀菌

将牛乳加入杀菌锅杀菌，杀菌条件为 15 min/85 ℃，杀菌完成后，加入白糖搅拌溶解，冷却至 44 ℃左右。

4. 接种

以 3%的比例把工作发酵剂加入混料之中，搅拌均匀，装入玻璃杯，并封口。

5. 培养

将酸乳半成品置于托盘之上，入发酵箱发酵，发酵温度为 43 ℃。当混料凝固，组织均匀、致密，无乳清析出，凝块质地良好，pH 值降至 4.6～4.8，酸度达到 70～80°T 时，发酵完成。

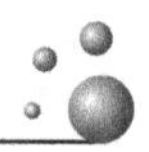

6.后熟

把完成发酵的酸奶置于冰箱内冷藏 12～24 h,完成酸乳的后熟。

(三)注意事项

(1)玻璃瓶要消毒灭菌,在灭菌器内灭菌 30 min,用蒸锅灭菌需 45 min。

(2)牛奶按 2%～4%的接种量在接种室内接种并搅拌均匀,注意要灌满,不留空隙,接种后立即封口,以保证满足乳酸发酵的厌氧条件。

(3)冷藏的作用在于一方面可防止酸度增加,防止杂菌污染;另一方面可使质地结实,乳清回收,从而使酸乳质量的稳定性大为提高。

(4)如果酸乳中有气泡或瓶盖鼓起或有辛辣味及其他异味,说明鲜乳在发酵过程中已被杂菌污染,不能食用。如乳凝很少,乳清分离,甚至不乳凝,出现大量悬浮物并出现臭味,说明菌种衰退严重或已被杂菌污染,应停止使用。如菌种衰退,可把衰退的菌种在斜面培养基上培养,进行提纯复壮,再进行繁殖,可得到优良的生产种。

八、质量标准

外观呈乳白色或稍带黄色,表面光滑,凝乳结实,组织细腻,质地均匀,允许有少量乳清析出,无气泡,酸甜适度,不得有辛辣味及其他异味。

九、思考题

(1)如果需要制作搅拌型酸乳,该如何调整工艺流程?

(2)乳清析出、组织凝固状态不佳,是何原因造成?如何改进?

实操要求

1.以小组为单位,各小组提交实验方案。

2.采购原辅料,清洗设备及器具。

3.填写凝固型酸奶制作关键操作要点表(表 4-1)。

表 4-1　凝固型酸奶制作关键操作要点表

名称	净化	均质	杀菌	菌种培养	接种	发酵

4.完成实验任务单的填写。

5.完成成品分析单的填写。

任务二　制作冰淇淋

冰淇淋是一种极具诱惑力的美味冷冻奶制品。冰激凌种类丰富,可以根据软硬程度分为硬冰淇淋、软冰淇淋(用冰淇淋机现制现售);根据主料不同,可分为奶油冰淇淋、酸奶冰淇淋、果蔬冰淇淋、圣代等。

实验　制作硬冰淇淋

一、实验认知

(1)实验学时:4。

(2)实验类型:验证性实验。

(3)实验要求:必修。

二、实验目的

掌握冰淇淋的制作工艺。

三、实验内容

在奶与奶制品中加入蛋(蛋制品)、甜味剂、香料、稳定剂以及食用色素等后,经巴氏杀菌、均质、老化、凝冻制成冰淇淋。

四、实验原理

乳和乳制品作为脂肪和非脂固形物,赋予冰淇淋良好的风味、柔软细致的口感和丰富的营养价值。经均质处理后,可提高乳化效果,增加料液的黏度,有利于凝冻搅拌时提高膨胀率。甜味剂不仅给制品以甜味,而且使冰淇淋制品的组织细腻,可降低凝冻时的冰点。蛋与蛋制品可起到稳定剂的作用,提高冰淇淋的黏度和膨胀率,防止形成冰晶,减少粗糙感,使冰淇淋组织细腻、滑润、不易融化,同时提高冰淇淋的保形能力和硬度。

五、实验形式

根据本实验的特点,采用教师集中授课、学生分组实验的形式,相互交流,分享经验。

六、实验条件

原、辅料:全脂乳粉、棕榈油、砂糖、稳定剂(瓜胶、明胶、海藻胶、黄原胶)、乳化剂(单酸甘油酯、蔗糖酯)、香精、色素等。

实验设备:混料罐、加热锅、搅拌器、均质机、冰淇淋凝冻机、盐水槽子、冰箱、模子、烧杯、台秤、天平等。

七、实验步骤

(一)工艺流程

混料→加热→均质→杀菌→冷却→成熟→凝冻→装杯或装模→硬化→成品。

(二)操作要点

1.参考配方

白砂糖:16%,奶粉:5%,奶油:5%,麦精粉:1%,单甘酯:0.2%,甜蜜素:0.05%,黄原胶:0.1%,瓜胶:0.1%,海藻胶:0.1%,香精:0.2%。

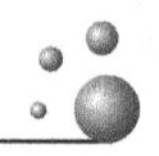

2. 混料

(1)将稳定剂(黄原胶、瓜胶、海藻胶)先与部分白砂糖干混,加温水溶化后待用。

(2)用 60 ℃的水溶解奶粉、砂糖、人造奶油或棕榈油,加单甘酯溶化后,加入奶液中,搅拌均匀。

(3)麦精粉、甜蜜素用水溶化后加入奶液中。

3. 均质

在 60 ℃、18～20MPa 的压力下均质。

4. 杀菌、老化

杀菌条件为 20 min/75 ℃。杀菌后,立即用冰水冷却至 4 ℃,并保持此温度 4 h 以上,进行老化成熟。

5. 凝冻、装模

使用冰淇淋凝冻机进行凝冻。为了满足贮藏、运输及销售的需要,必须灌注成型,并采用纸盒或塑料盒装模。

6. 硬化

将入模的冰淇淋转至－40～－25 ℃条件下冷冻。成品保存在低温冷藏库中,冷藏库的温度为－20 ℃,库内的相对湿度为 75%～90%。

(三)注意事项

(1)在混合原料前需对各种原料进行处理,如奶粉用水溶解,然后均质,再加入明胶或琼脂等稳定剂。

(2)加热杀菌时温度不宜突然升高,最高不宜超过 77 ℃。

八、产品质量标准

冰淇淋应具有乳香味,口感滑润,无冰屑之粗糙感,膨胀率为 80%～100%。膨胀率的计算公式为:

$$A=100(B-C)/C$$

式中:A——膨胀率;

B——混料的重量;

C——与混料同容积的冰淇淋的重量。

九、思考题

(1)各组分在冰淇淋中分别有什么?

(2)稳定剂和乳化剂对冰淇淋的品质和工艺过程有何作用?

(3)影响冰淇淋膨胀率的因素有哪些? 如何进行控制?

实操要求

1. 以小组为单位,各小组提交实验方案。

2. 采购原辅料,清洗设备及器具。

3. 填写硬冰淇淋制作关键操作要点表(表 4-2)。

表 4-2 硬冰淇淋制作关键操作要点表

名称	原料预处理	均质	成熟	凝冻	硬化

4. 完成实验任务单的填写。

5. 完成成品分析单的填写。

模块五 软饮料制作工艺

软饮料是酒精含量低于0.5%(质量比)的天然的或人工配制的饮料,又称清凉饮料、无醇饮料。

软饮料的主要原料是饮用水或矿泉水,果汁、蔬菜汁或植物的根、茎、叶、花和果实的抽提液,有的含甜味剂、酸味剂、香精、香料、食用色素、乳化剂、起泡剂、稳定剂和防腐剂等食品添加剂。其基本化学成分是水分、碳水化合物和风味物质,有些软饮料还含维生素和矿物质。软饮料的品种很多,常见的软饮料有:

1. 碳酸饮料

碳酸饮料是将二氧化碳气体和各种不同的香料、水分、糖浆、色素等混合在一起而形成的气泡式饮料,如可乐、汽水等。碳酸饮料可分为果汁型碳酸饮料、果味型碳酸饮料、可乐型碳酸饮料、低热量型碳酸饮料及其他类型碳酸饮料。

2. 果汁(浆)及果汁饮料

果汁(浆)是以成熟适度的新鲜或冷藏水果为原料,经加工所得的果汁(浆)或混合果汁类制品。果汁饮料是在果汁(浆)制品中加入糖液、酸味剂等配料所得的饮料制品,可直接饮用或稀释后饮用,分原果汁、原果浆、浓缩果汁、浓缩果浆果汁饮料、果肉饮料、果粒果汁饮料和高糖果汁饮料。

3. 蔬菜汁饮料

蔬菜汁饮料是由一种或多种新鲜或冷藏蔬菜(包括可食的根、茎、叶、花、果实、食用菌、食用藻类及蕨类)等经榨汁、打浆或浸提等工艺制得的饮料,包括蔬菜汁、混合蔬菜汁、混合果蔬汁、发酵蔬菜汁和其他蔬菜汁饮料。

4. 含乳饮料

含乳饮料是以鲜乳和乳制品为原料,未经发酵或经发酵后加入水或其他辅料调制而成的液状制品,包括乳饮料、乳酸菌类乳饮料、乳酸饮料及乳酸菌类饮料。

5. 植物蛋白饮料

植物蛋白饮料是将蛋白质含量较高的植物的果实、种子,核果类和坚果类的果仁等与水按一定比例磨碎、去渣后,加入配料制得的乳浊状液体制品。其蛋白质含量不低于0.5%,分豆乳饮料、椰子乳(汁)饮料、杏仁乳(露)饮料和其他植物蛋白饮料。

6. 瓶装饮用水

瓶装饮用水密封在塑料瓶、玻璃瓶或其他容器中可直接饮用的水,包括饮用天然矿泉水和饮用纯净水。

7. 茶饮料

茶叶经抽提、过滤、澄清等加工工序后制得抽提液,直接灌装或加入糖、酸味剂、食用香精(或不加)、果汁(或不加)、植(谷)物抽提液(或不加)等配料调制而成的制品为茶饮料,包括碳酸茶饮料、果汁茶饮料、果味茶饮料和其他茶饮料。

8. 特殊用途饮料

特殊用途饮料是为满足人体特殊需要或为满足特殊人群需要而调制的饮料，包括运动饮料、营养素饮料和其他特殊用途饮料。

任务一　制作碳酸茶饮料

碳酸茶饮料是在调味冰茶中充入二氧化碳的一种茶饮料，它的生产工艺不同于其他茶饮料产品的灌装、杀菌工艺，采用调制原浆，再经碳酸化、冷灌装的碳酸饮料加工工艺。冷灌装加工工艺消除了热灌装极易形成的茶饮料的熟汤味，可使茶叶中的维生素、多酚类等物质受到最小程度的破坏，经调味、充气，既保留了茶叶天然的风味，又具有碳酸饮料冰爽、解渴的良好口感，深受广大青年朋友的欢迎。

一、实验认知

(1)实验学时：4。
(2)实验类型：验证性实验。
(3)实验要求：必修。

二、实验目的

通过碳酸茶饮料的制作，掌握碳酸茶饮料制作的工艺过程及操作过程。

三、实验内容

将茶叶的提取液、水、甜味剂、酸味剂、香精、色素等成分调配后，加入碳酸水，混合灌装。

四、实验原理

茶饮料的质量取决于茶汁的质量。茶叶含有复杂的成分，加工中往往出现茶汁浑浊、氧化、口感与风味变化等现象，生产中可采取冷却、酶法分解、膜过滤、微胶囊技术等方法解决。在碳酸化过程中，CO_2 的溶解度与压力成正比，与温度成反比，要控制温度和压力。

五、实验形式

根据本实验的特点，采用教师集中授课、学生分组实验的形式，相互交流，分享经验。

六、实验条件

材料：茶叶、白砂糖、CO_2、酸味剂等添加剂、水等。
设备：过滤机、均质机、灌装压盖机等。

七、实验步骤

(一)工艺流程

准备茶叶、糖浆等→混合→过滤→冷冻→充气→灌装→压盖→检验→成品。

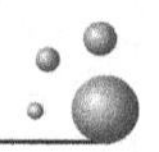

(二)操作要点

1. 配方

茶叶:1%,砂糖:3%~4%,山梨酸、柠檬酸0.03%等。

2. 空瓶处理

空瓶用2%~3%的NaOH溶液于50 ℃下浸5~20 min,然后用毛刷洗净,晾干。

3. 糖液

将砂糖配置成75%的浓糖液,投入锅内加热,边加热边搅拌,升温至沸腾,撇除浮在液面上的泡沫,然后维持沸腾5 min,以达到杀菌的目的。取出后冷却到70 ℃,保温2 h,再冷却到30 ℃以下。

4. 茶汁提取

用沸水(90~95 ℃)浸泡茶叶5~10 min。经反复过滤再与糖浆等混合。

5. 糖浆的配制

糖浆加料有规定的顺序,加料顺序不当,各原料可能会失去应有的作用。其顺序为:茶叶→糖液→防腐剂→香精→着色剂液→抗氧剂→加水。

6. 灌装

将定容的瓶子送入灌装机。

八、质量指标

(1)感官指标:颜色黄嫩、明亮,清晰度高。

(2)滋味气味:香气浓郁,滋味可口,刹口感强。

九、思考题

一次灌装法与二次灌装法有何区别?

实操要求

1. 以小组为单位,各小组提交实验方案。

2. 采购原辅料,清洗设备及器具。

3. 填写碳酸茶饮料制作关键操作要点表(表5-1)。

表5-1　碳酸茶饮料制作关键操作要点表

名称	水处理	添加剂种类及添加量	充气	灌装

4. 完成实验任务单的填写。

5. 完成成品分析单的填写。

任务二　制作果蔬汁饮料

从果蔬中直接压榨或提取汁液,加入其他成分之后,就制成了相应的果汁饮料或者蔬菜汁饮料。果蔬汁往往从新鲜的果蔬中获取,营养成分损失极少,营养价值接近于新鲜果蔬。果蔬汁按透明度可分为澄清果蔬汁和浑浊果蔬汁。澄清果蔬汁无悬浮颗粒,制品稳定性好,但营养损失较大。浑浊果蔬汁含有大量的果肉碎粒,还留存一定的植物胶,导致液体浑浊,但保留的营养素较多。

实验　制作橙汁饮料

一、实验认知

(1)实验学时:4。
(2)实验类型:验证性实验。
(3)实验要求:必修。

二、实验目的

(1)了解果蔬汁饮料的品种分类及产品特色。
(2)熟知果蔬汁饮料制作的工艺流程及操作要点。

三、实验内容

以新鲜水果为原料,进行清洗、榨汁、过滤等,添加辅料,脱气、均质、杀菌后进行冷却、包装,获得果汁饮料。

四、实验原理

果汁饮料的生产采用压榨、浸提、离心等物理方法,破碎新鲜水果,制取果汁,再加入蔗糖等甜味剂及酸味剂等,调至适合的糖酸比,经过脱气、均质、杀菌及灌装等加工工艺,制成符合标准的产品。

五、实验形式

根据本实验的特点,采用教师集中授课、学生分组实验的形式,相互交流,分享经验。

六、实验条件

材料:新鲜橙子、蔗糖、柠檬酸、亚硫酸盐溶液、糖精钠、胭脂红、苯甲酸钠、水。

设备:不锈钢果实破碎机、离心榨汁机、不锈钢刀、离心机、胶体磨、脱气机、高压均质机、超高温瞬时灭菌机、压盖机、不锈钢配料罐、不锈钢锅、糖度计、玻璃瓶、皇冠盖、温度计、烧杯、台秤、天平等。

七、实验步骤

(一)工艺流程

原料预处理→清洗→榨汁→过滤→离心→调配→脱气→均质→杀菌→热灌装→压盖→冷却→成品。

(二)操作要点

1. 配料

新鲜橙子,蔗糖 9%,柠檬酸 0.1%,亚硫酸盐溶液 0.15%,糖精钠 0.01%,胭脂红适量,苯甲酸钠 0.02%,水 70%。

2. 原料预处理

选用新鲜、无病虫害及生理病害、无严重机械伤、成熟度八至九成的橙果,使用水龙头将表面污物、杂质等清除干净,防止误入制品造成污染。采用不锈钢刀切分橙子,切分后的果块立即放入 0.15%的亚硫酸盐溶液中进行护色处理,然后采用离心榨汁机取汁。也可用不锈钢果实破碎机先将果实破碎,然后采用打浆离心机取汁。接取榨取的橙汁,用 60～80 目的滤筛或滤布过滤,除去渣质,收集橙汁,然后采用离心榨汁机将橙汁与其他成分分离,收集清汁。

3. 调配

按配方加入蔗糖、柠檬酸、糖精钠、胭脂红、苯甲酸钠及水等,在配料罐中充分搅拌。甜味剂、酸味剂等必须先行溶解、过滤备用。

4. 脱气

调配后的橙汁中含有大量空气,必须进行脱气处理,在 80 ℃恒温水浴条件下脱气操作 10 min,然后采用高压均质机对已经脱气的橙汁进行均质。

5. 均质

均质压力为 18～20 MPa,均质后进行杀菌。

6. 杀菌

果汁饮料一般的杀菌条件为 100 ℃热处理 2～3 min。如采用超高温瞬时灭菌机进行杀菌,则杀菌温度为 115～135 ℃,杀菌时间为 3～5 s。

7. 灌装、压盖、冷却

一般情况下,杀菌后的橙汁应立即灌入玻璃瓶或耐高温塑料瓶中,压盖密封或旋紧盖子。瓶和盖必须事先清洗消毒。瞬时灭菌条件下杀过菌的果汁,在无菌条件下灌装密封。高温杀菌后,橙汁余温较高,装瓶后需分段冷却至室温。

(三)注意事项

(1)选择充分成熟的果实,如需要,可进行后熟处理。加工过程中尽量少加入苦味物质,除净种子,可采用聚乙烯吡咯烷酮及大孔树脂等脱苦,添加环糊精等,提高苦味物质阈值,降低苦味感受。

(2)营养学以及医学研究表明,大多苦味物质对人体具有特殊的生理功效,因此,在苦味可以接受的情况下,可保持适当的苦味。

八、质量标准

具有橙汁应有的色泽,允许有轻微褐变;具有橙汁应有的香气及滋味,无异味;呈均匀液状,允许有果肉或囊胞沉淀;无可见外来杂质。果汁含量/(g/100g)≥10,菌落总数/(cfu/mL)≤100,大肠菌群/(MPN/100 mL)≤3,霉菌/(cfu/ mL)≤20,酵母/(cfu/ mL)≤20,致病菌(沙门氏菌、志贺氏菌、金黄色葡萄球菌)不得检出。

九、思考题

柑橘类果汁在加工过程中易产生苦味，为了避免这一现象，可采取哪些措施？

实操要求

1. 以小组为单位，各小组提交实验方案。
2. 采购原辅料，清洗设备及器具。
3. 填写果蔬汁饮料制作关键操作要点表(表 5-2)。

表 5-2 果蔬汁饮料制作关键操作要点表

名称	原料处理	调配	脱气	杀菌	灌装

4. 完成实验任务单的填写。
5. 完成成品分析单的填写。

任务三 制作瓶装饮用水

瓶装饮用水是指密封于塑料瓶、玻璃瓶或其他容器中，不含任何添加剂，可直接饮用的水，常见种类有饮用天然矿泉水、饮用纯净水、其他饮用水。

饮用天然矿泉水是指从地下深处自然涌出的或经人工开采的、未受污染的地下矿水，含有一定量的矿物盐、微量元素或 CO_2。在通常情况下，其化学成分、流量、水温等动态指标在天然波动范围内相对稳定，允许添加 CO_2。

饮用纯净水是指以符合生活饮用水卫生标准的水为水源，采用蒸馏法、电渗析法、离子交换法、反渗透法及其他适当的加工方法，去除水中的矿物质、有机成分、有害物质及微生物等后制成的水。

其他饮用水是指以符合生活饮用水卫生标准、采自地下的泉水，或高于自然水位的天然蓄水层喷出的泉水，或深井水等为水源加工制得的水。

实验 制作纯净水

一、实验认知

(1)实验学时：4。
(2)实验类型：验证性实验。
(3)实验要求：必修。

二、实验目的

(1)了解纯净水的一般制作过程，掌握各步骤的操作要点。

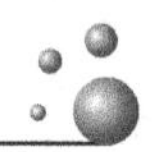

(2)掌握纯净水的灌装和杀菌技术。

三、实验内容

以水为原料,经过滤、软化、除盐、消毒等流程后制成纯净水。

四、实验原理

自来水经过滤、软化、除盐、消毒等以后,去除了水中的矿物质、有机成分、有害物质,口感甘甜醇和,可直接饮用。

五、实验形式

根据本实验的特点,采用教师集中授课、学生分组实验的形式,相互交流,分享经验。

六、实验条件

材料:原水,葡萄糖。

设备:贮水罐,二级反渗透纯净水处理机组,臭氧发生器,灌装机,空气压缩机。

七、实验步骤

(一)工艺流程

原水(自来水)→冲洗→过滤→软化→除盐→消毒→灌装→成品。

(二)操作要点

1. 冲洗

过滤之前先冲洗过滤罐,正冲 15 s,反冲 30 s,还原正、反冲阀门。

2. 过滤、软化

过滤、软化的流程为:石英砂过滤→活性炭过滤→阳离子交换→超滤。

3. 除盐

除盐的操作为:放开两个调压阀→指示电源→冲洗开关→一级反渗透开关→调节一级压力到 0.8→二级反渗透开关→调节二级压力到 0.8。

4. 消毒

插上臭氧发生器电源,消毒 15 min。

八、质量指标

(1)感官指标:成品不得呈现异色,无浑浊,无异味、臭味,无肉眼可见物。

(2)理化指标:铅(以 Pb 计),mg/L ≤0.01;砷(以 As 计),mg/L ≤0.01;铜(以 Cu 计),mg/L ≤1;氰化物(以 CN^- 计),mg/L ≤0.002;挥发酚(以苯酚计),mg/L ≤0.002;游离氯,mg/L ≤0.005;三氯甲烷,mg/L ≤0.02;四氯化碳,mg/L ≤0.001;亚硝酸盐(以 NO_2^- 计)≤0.002。

(3)卫生指标:菌落总数,cfu/ mL ≤20;大肠菌群,MPN/100 mL ≤3;致病菌(系指肠道致病菌和致病性球菌)、霉菌、酵母菌不得检出。

九、思考题

(1)纯净水制作中有哪些注意事项?
(2)纯净水的消毒方式有哪几种?

实操要求

1. 以小组为单位,各小组提交实验方案。
2. 采购原辅料,清洗设备及器具。
3. 填写纯净水制作关键操作要点表(表 5-3)。

表 5-3　纯净水制作关键操作要点表

名称	水处理	除盐	消毒	灌装

4. 完成实验任务单的填写。
5. 完成成品分析单的填写。

任务四　制作含乳饮料

含乳饮料以风味独特等特点在软饮料行业中独树一帜,是软饮料中的重要品种。作为一种常见的营养型饮料,其含乳饮料的配料中除了牛奶以外,一般还有水、甜味剂、果味剂等。其可分为中性乳饮料和酸性乳饮料。

1. 中性乳饮料

中性乳饮料主要以水、牛乳为基本原料,加入其他风味辅料,如咖啡、可可、果汁等,再加以调色、调香制成。

2. 酸性乳饮料

酸性乳饮料包括发酵型酸乳饮料和调配型酸乳饮料。

(1)发酵型酸乳饮料是指以鲜乳或乳制品为原料,经发酵,添加水和增稠剂等辅料,经加工制成的产品。由于杀菌方式的不同,其可分为活性乳酸菌饮料和非活性乳酸菌饮料。

(2)调配型酸乳饮料是以鲜乳或乳制品为原料,加入水、糖液、酸味剂等调制而成的制品。其经过灭菌处理,保质期比乳酸菌饮料要长。

实验　制作果味奶饮料

果味奶是指以水、牛乳为基本原料,加入其他风味的果汁,再加以调色、调香,具有水果风味的含乳饮料。水果风味可以通过添加果汁或香精获得。果味奶饮料有配制型和发酵型之分。

一、实验认知

(1)实验学时:2。

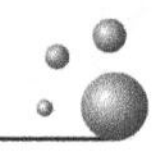

(2)实验类型:验证性实验。

(3)实验要求:必修。

二、实验目的

(1)掌握果味奶饮料的生产过程和操作技术。

(2)能正确使用酸味剂、稳定剂、乳化剂、香精等食品添加剂。

三、实验内容

以水、牛乳为基本原料,加入其他风味的果汁(或香精),再加以调色、调香,制成饮用牛乳。

四、实验原理

果味奶饮料的 pH 值在 4.5～4.8 之间,生产中往往会出现沉淀分层现象。为了生产出稳定的酸性乳饮料,需要选用适当的稳定剂。同时注意原料的配制顺序和操作方法、酸液的添加方法等。对于脂肪含量较高的乳原料,还要注意避免脂肪上浮。添加乳化剂和均质是解决脂肪上浮问题的有效方法。

五、实验形式

根据本实验的特点,采用教师集中授课、学生分组实验的方式,相互交流,分享经验。

六、实验条件

材料:牛奶(或脱脂奶粉)、白砂糖、柠檬酸(或乳酸)、山梨酸钾、柠檬酸钠、香精等。

设备:不锈钢锅、胶体磨、均质机、烧杯、台秤、天平、pH 试纸、糖度计、玻璃瓶等。

七、实验步骤

(一)工艺流程

辅料预处理→加热→均质→杀菌→冷却→无菌包装。

(二)操作要点

1. 配方

脱脂奶粉 2%～4%;白砂糖 12%;柠檬酸 0.33% ;柠檬酸钠 0.1%;耐酸羧甲基维生素 0.2%;瓜胶 0.1%;草莓香精 0.1% ;山梨酸钾 0.15% 。

2. 辅料预处理

(1)把稳定剂与部分白砂糖干混均匀后,加低于 50 ℃的温水溶解。

(2)奶粉加温水溶解后与上一步获得的溶液混合;剩余白砂糖溶解后过滤,加冷水基本定容(过胶体磨)。

(3)柠檬酸用冷水溶解,边搅拌边加入配料缸中,pH 值控制在 4.0。

3. 加热

加热温度为 60 ℃,加香精、山梨酸钾溶液,配料。

4. 均质

对混合液进行均质，均质参数为：18～20 MPa，50 ℃。

5. 杀菌

混合料均质后进行杀菌。杀菌参数为：80～85 ℃，10～15 min（或者先灌装后杀菌）。

6. 冷却

杀菌后冷却，无菌灌装（容器要事先灭菌）。

八、质量指标

（1）感官指标：乳白色，无分层、沉淀现象。

（2）滋味气味：酸甜适口，具有纯正的果味及乳香味。

（3）理化指标和微生物指标等参考有关国家标准。

九、思考题

（1）影响果味奶饮料稳定性的因素有哪些？如何解决？

（2）各种添加剂如何使用？

实操要求

1. 以小组为单位，各小组提交实验方案。

2. 采购原辅料，清洗设备及器具。

3. 填写果味奶饮料制作关键操作要点表（表 5-4）。

表 5-4　果味奶饮料制作关键操作要点表

名称	预处理	加热	均质	杀菌	冷却

4. 完成实验任务单的填写。

5. 完成成品分析单的填写。

任务五　制作蛋白饮料

蛋白饮料是以乳或乳制品及有一定蛋白质含量的植物的果实、种子或种仁等为原料，经加工或发酵制成的饮料。其营养丰富、风味良好，按蛋白质的来源，可将蛋白饮料分为两大类：

1. 动物蛋白饮料

动物蛋白饮料中的动物蛋白主要是乳及乳制品，其以动物蛋白为主要原料，再加入相应的添加剂配制而成。按主要原料的不同，动物蛋白饮料又可分为乳制饮料和其他动物蛋白饮料两类。

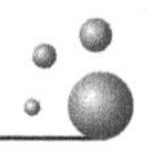

2. 植物蛋白饮料

植物蛋白饮料是以富含蛋白质的植物籽仁(如大豆、绿豆、花生仁、芝麻、杏仁、核桃仁、葵花籽仁等)为主要原料,再加入甜味剂、稳定剂、香味剂、风味剂、色素酸味剂等,经过原料处理、浸泡、选料、磨浆、浆渣分离、调配、杀菌、均质等工艺而制成的饮料。以豆奶为主要代表,其他品种的种类虽多,但产量并不大。

实验　制作植物蛋白饮料

一、实验认知

(1)实验学时:4。
(2)实验类型:验证性实验。
(3)实验要求:选修。

二、实验目的

(1)通过豆奶或花生乳饮料的制作,掌握植物蛋白饮料的生产特性和工艺过程。
(2)掌握提高植物蛋白饮料质量的方法和措施。

三、实验内容

以蛋白质含量较高的植物果实、种子、核果类或坚果类的果仁等为原料,加一定比例的水磨碎、去渣后加入配料制得的乳浊状液体制品。

四、实验原理

生产植物蛋白饮料的原料(如大豆、花生、杏仁等)除了含有蛋白质以外,还含有脂肪、碳水化合物、矿物质、各种酶类(如脂肪氧化酶),这些成分在加工中的变化和作用往往会使成品出现质量问题,如蛋白质沉淀、脂肪上浮、产生豆腥味或苦涩味、变色及出现抗营养因子或毒性物质等,可通过添加稳定剂、乳化剂来钝化脂肪氧化酶,以及控制均质的压力、温度和次数等来改善品质。

五、实验形式

根据本实验的特点,采用教师集中授课、学生分组实验的形式,相互交流,分享经验。

六、实验条件

材料:大豆(或花生)、白砂糖、乳化剂、香精等。
设备:磨浆机、过滤机、均质机、脱气罐、灌装压盖机等。

七、实验步骤

(一)工艺流程

原料预处理→钝化脂肪氧化酶→磨碎→分离→调制→真空脱臭→均质→灌装封口→高温杀菌→冷却→成品。

(二)操作要点

1. 配方

大豆(或花生):25%;白砂糖:10%～12%;香精:0.1～0.3%;乳化剂:0.1～0.3%。

2. 原料预处理

大豆浸泡:用3倍于大豆质量的水泡8～10 h,可在浸泡水中加0.5%的$NaHCO_3$。

3. 钝化脂肪氧化酶

软化细胞结构,降低磨浆时的能耗与磨损,提高胶体的分散程度,增加固形物回收率。

4. 磨碎

用80 ℃以上的热水磨碎大豆,使酶失去活性,不产生大豆的臭味。

5. 分离

用离心机(或筛网)把浆液和豆渣分开。采用热浆分离的方式,可降低黏度,提高固形物回收率。

6. 调制

加入砂糖、乳化剂、香精等进行混合调制,提高豆奶的口感,改善其风味。

7. 真空脱臭

在真空脱臭罐中进行脱臭处理。

8. 均质

可采用两次均质的方式,第一次均质的压力为20～25 MPa,第二次均质的压力为25～36 MPa,均质温度在75～80 ℃之间。

9. 灌装、杀菌

高压杀菌,温度为121 ℃,时间为15～30 min。杀菌后分段冷却。

八、质量指标

(1)感官指标:乳白色,无分层、沉淀现象。

(2)滋味气味:具有纯正的乳香味。

九、讨论题

(1)浸泡大豆时为什么要加$NaHCO_3$?

(2)为什么采用两次均质?

实操要求

1. 以小组为单位,各小组提交实验方案。
2. 采购原辅料,清洗设备及器具。
3. 填写植物蛋白饮料制作关键操作要点表(表5-5)。
4. 完成实验任务单的填写。
5. 完成成品分析单的填写。

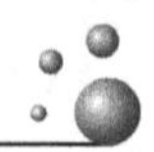

表 5-5　植物蛋白饮料制作关键操作要点表

名称	原料预处理	调配	脱臭	均质	灌装

模块六　水产品制作工艺

水产品是海洋和淡水渔业生产的水产动、植物产品及其加工产品的总称，包括捕捞和养殖生产的鱼、虾、蟹、贝、藻类、海兽等鲜活品和经过冷冻、腌制、干制、熏制、熟制、灌装和综合利用的加工产品。水产品加工和综合利用是渔业生产的延续，制造业的发展必将推动渔业生产的更大发展。目前，水产品加工业已经建立成熟的加工体系。

任务一　干制水产品

干制的水产品主要有：

1. 生干品

生干品由生鲜鱼品经剖、洗后直接进行干燥而成，如螟蜅鲞、鱿鱼干、鳗鲞、鳕鱼干（也包括冻干明太鱼）、鱼翅、干鲱鱼卵、干紫菜、干海带等。

2. 煮干品

原料经预处理、加少量食盐，煮熟后进行干燥制成的是煮干品，如虾米、虾皮、干贝、蚝豉、淡菜、鲍鱼干、沙丁鱼干、海参、明骨等。日本的鲣节制品亦属此类。

3. 盐干品

盐干品由鱼类腌制品干燥后形成，如黄鱼鲞、曹白鲞、盐干淡水鱼、油筒鱼、老板鱼干、盐干梭鱼卵等。

4. 调味干制品

生鲜产品经预处理后予以调味加工即成调味干制品，如马面鱼干、鱼松等。

5. 中等水分制品

向鱼品中添加润湿剂、调味剂后，可加工成既可保存一段时间，又保持一定水分的半干制品，即为中等水分制品。

实验一　制作烤鱼片

烤鱼片又名鱼干、鱼片、鱼肉干，是一种烘烤水产熟食制品。烤鱼片以鲜度高、个体大的鱼为原料。

一、实验认知

（1）实验学时：4。

（2）实验类型：验证性实验。

（3）实验要求：选修。

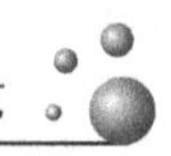

二、实验目的

(1)掌握水产品干制加工及保藏的原理。
(2)掌握水产品干制的方法。
(3)掌握调味水产干制品加工技术。

三、实验内容

选择合适的原料,开片,去皮,清洗,腌制调味,摊片沥水,揭片脱水,烘烤成熟,轧片,整形及包装。

四、实验原理

干燥过程是湿热传递过程,湿热传递过程中,水分的转移和扩散可分为给湿过程和导湿过程。给湿过程指水分从食品表面向外界蒸发转移;导湿过程指内部的水分向表面扩散转移。鱼体内的水分的降低,很好地抑制了细菌的繁殖和鱼体蛋白的分解,可以达到防腐的目的。

五、实验运行

根据本实验的特点,采用教师集中授课、学生分组实验的形式,相互交流,分享经验。

六、实验条件

材料:鲤鱼、白糖、精盐、味精、黄酒。
器具:不锈钢盘、不锈钢网、不锈钢刀、干燥设备。

七、实验步骤

(一)工艺流程

原料预处理→调味→摊片→揭片→烘烤→轧片和整形→包装。

(二)操作要点

1.原料预处理
(1)选料:选小的鲤鱼,先刮鳞、去内脏、去头,洗净血污黑膜。
(2)开片:割去胸鳍,一般由头肩部下刀,连皮对开成两片,去骨刺。
(3)去皮、检片:以机械或人工的方式去皮,去黑膜、杂质,保持鱼片洁净。
(4)漂洗:淡水鱼片含血多,必须洗净。漂洗是提高鱼干片质量的关键。常用的方法是将鱼片装入滤盆内,再把滤盆浸入漂洗盆中,漂洗干净后,捞出沥水。
2.调味
调味液的配方是:白糖5%～6%,精盐1.8%～2%,味精1.2%,黄酒1%～1.5%。按比例向沥水后的鱼片中加入调味液,渗透,并且翻拌。调味温度控制在15 ℃左右。
3.摊片
将鱼片均匀摆放在尼龙网片上,摆放时片与片的间距要小,鱼肉纹理要基本相似。

4. 揭片

采用热风干燥的方式，烘干时鱼片的温度以不高于 40 ℃为宜，烘 2～3 h 后将其移到烘道外，停放 2 h，使鱼片内部的水分自然向外扩散，然后再移入烘道中干燥。将烘干的鱼片从网上揭下，即得生鱼片。

5. 烘烤

烘烤前向生鱼片喷洒适量水，以防鱼片烤焦，然后将生鱼片的鱼皮部朝下，摊放在烘烤机传送带上，烘烤温度以 160～180 ℃为宜，时间为 1～2 min。

6. 轧片和整形

烘烤出来的鱼片鱼肉组织紧密，不易咀嚼，须用碾片机压松，使鱼肉组织的纤维呈棉絮状。经碾压的熟片应放在整形机内整形，使熟片平整、成形、美观，便于包装。

7. 包装

将熟片用托盘天平准确称量，装入聚乙烯袋中，热合封口，包装方式和每包重量可按市场销售情况确定，每小包的重量应在标准重的±5%以内。包装应在清洁卫生、通风良好的车间内进行，操作工人必须符合国家规定的卫生要求。

八、质量标准

产品色泽为黄白色，边沿允许略带焦黄。鱼片形态平整，片型基本完好，肉质疏松，有嚼劲。滋味鲜美，咸甜适宜，具有烤淡水鱼特有的香味。

九、思考题

(1)干制的原理是什么？

(2)烤鱼片制作的过程是怎样的？

实操要求

1. 以小组为单位，各小组提交实验方案。

2. 采购原辅料，清洗设备及器具。

3. 填写烤鱼片制作关键操作要点表(表 6-1)。

表 6-1　烤鱼片制作关键操作要点表

名称	原料预处理	调味	摊片	揭片	轧片、整形

4. 完成实验任务单的填写。

5. 完成成品分析单的填写。

实验二　制作鱿鱼丝

鱿鱼的脂肪中含有大量的高度不饱和脂肪酸(如 EPA、DHA)，鱿鱼的肉中有高含量的牛磺酸，可有效减少血管壁内所累积的胆固醇，对于预防血管硬化、胆结石的形成颇具功效。

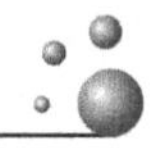

因此，对容易罹患心血管方面疾病的中、老年人来说，鱿鱼有益于他们的健康。鱿鱼属柔鱼类，其肌肉质构与其他鱼类不同，加热后肌肉组织紧密，纤维性强且韧性好，特别适合加工成鱿鱼丝。鱿鱼丝味道鲜美、口味适中，营养丰富，是现代人喜爱的休闲食品之一。

一、实验认知

(1)实验学时:4。
(2)实验类型:验证性实验。
(3)实验要求:选修。

二、实验目的

掌握鱿鱼丝的制作技能及操作要点。

三、实验内容

选择合适的原料，开片，去皮，清洗，腌制调味，摊片沥水，揭片脱水，烘烤成熟，轧片，整形及包装。

四、实验原理

通过加热去除鱿鱼体内的水分，以抑制细菌繁殖和鱿鱼体蛋白分解，达到防腐的目的。鱿鱼的干制品所含水分在40%以下，适于较长期保存。干制后体积较小，便于储藏与运输。

五、实验形式

根据本实验的特点，采用教师集中授课、学生分组实验的形式，相互交流，分享经验。

六、实验条件

材料:鱿鱼(新鲜或冷冻)、白糖、味精、食盐、葡萄糖、山梨糖粉、辣椒粉、胡椒粉、柠檬酸、山梨酸钾、苯甲酸钠、三聚磷酸钠、焦糖酸钠等。
器具:不锈钢盘、不锈钢网、不锈钢刀、热风鼓风干燥设备。

七、实验步骤

(一)工艺流程

原料处理→第一次调味→排片烘干→烘烤→轧松→撕丝→第二次调味→称量包装。

(二)操作要点

1. 原料处理

选择鲜度高的鱿鱼，去头后由鱼体腹中间剖开，去骨、去内脏，洗净后放进温水中浸泡10 min，捞起后去皮，洗干净后沥水。

2. 第一次调味

去皮洗净的鱼片捞出、沥干水后进行称量，按表6-2加入调味料和食品添加剂进行干拌，注意要拌匀。调味渗透时间为8 h左右，自然渗透时室温不超过15 ℃。

表 6-2 鱼片与配料、添加剂百分比

原料	比例(%)
白糖	4～6
味精	0.5～0.8
食盐	1.8～2
柠檬酸	0.1～0.12
山梨酸钾	0.1～0.12
苯甲酸钠	0.1～0.15
三聚磷酸钠	0.1～0.15
焦糖酸钠	0.1～0.15

3. 排片烘干

将调好味的鱼片平整地摊在铁丝网或用竹片编成的网上，分层排满后放入 45 ℃左右的热风道内进行干燥，干燥时间为 10 h 左右，烘干的鱼片水分含量控制在 25%～28%之间。鱼片烘干后，在常温下进行干冷、揭片，去除鱼片两边的鳍肉后进行烘烤。烘干后的鱼片可密封装箱，进冷库贮藏备用。

4. 烘烤

将鱼片、鳍肉分开，均匀排放在红外线烘烤机的钢丝网上，烘烤温度为 180～220 ℃，烘烤时间为 5 min 左右。烘烤以鱼片烤熟、有香味、不烤焦为准。同时可根据鱼片的厚薄与大小，调整烘烤机钢丝网的运行速度和烘烤温度。

5. 轧松

将烤熟后的鱼片趁热纵向通过滚筒式轧松机压轧两次，破坏鱼片的纤维组织。注意根据鱼片的厚薄调整轧松机两个滚筒的间隙，达到有效轧松的目的。鳍肉不经压轧，直接进行第二次调味。

6. 撕丝

将轧松的鱼片用人工或机械顺鱼片纤维撕成 3～5 mm 的鱼丝，置于盘状容器上。

7. 第二次调味

对鱿鱼丝进行第二次调味时，注意使各配料和添加剂混合均匀。混合好的调味粉分层均匀撒在鱿鱼丝上，拌匀。装入容器内，放置 36～48 h，使鱿鱼丝(鳍肉)内外的水分扩散均匀，即为鲜美的“鱿鱼丝”。

8. 称量包装

采用厚度为 80～100 μm 的无毒聚丙烯和聚乙烯复合薄膜袋包装。

(三)注意事项

(1)浸鱼片的溶液的温度为 30～35 ℃，醋酸钠的浓度为 2%～2.5%。

(2)调味渗透时间为 30 min 左右，自然渗透时室温应不超过 15 ℃。

(3)在烘干时，要控制好温度，烘干的时间应尽量长，以保证鱿鱼表面干燥。

八、质量标准

成品鱿鱼丝呈淡黄色或黄白色，色泽均匀；其形态为丝条状，丝两边带有丝纤维，形态完

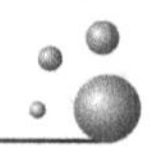

好，肉质疏松，有嚼劲；滋味鲜美，口味适宜，具有鱿鱼丝特有的香味。

九、思考题

为何浸鱼片的溶液的温度要控制在 30～35 ℃，醋酸钠的浓度控制在 2%～2.5%？

实操要求

1. 以小组为单位，各小组提交实验方案。
2. 采购原辅料，清洗设备及器具。
3. 填写鱿鱼丝制作关键操作要点表（表 6-3）。

表 6-3　鱿鱼丝制作关键操作要点表

名称	原料预处理	调味	烘烤	轧松	撕丝	调味	包装

4. 完成实验任务单的填写。
5. 完成成品分析单的填写。

任务二　制作鱼糜制品

鱼糜是一种新型的水产调理食品原料。将鱼糜斩拌后，加食盐、副原料等进行擂溃，成黏稠的鱼肉糊后再成型、加热，变成具有弹性的凝胶体，即成鱼糜制品。此类制品包括鱼丸、鱼糕、鱼香肠、鱼卷等。鱼糜制品调理简便，细嫩味美，又耐储藏，既能大规模工厂化制造，又能家庭式手工生产，是一种很有发展前途的水产制品。

实验　制作鱼丸

鱼丸原料来源丰富，不受鱼种、大小的限制，能就地取材，从而保证原料的新鲜程度，有利于防止蛋白质变质。可按消费者的爱好，进行不同口味的调制，任意选择形状。鱼丸、鱼香肠的加工较其他水产食品加工更具有灵活性、开放性，在加工原料鱼的过程中，将鱼中原有的营养素很好地保存了下来，并科学合理地配置辅料，是人体消化吸收率很高的优质食品。

一、实验认知

（1）实验学时：4。
（2）实验类型：验证性实验。
（3）实验要求：选修。

二、实验目的

（1）掌握鱼丸加工的工艺过程和技术要求。

(2)理解鱼糜形成的原理。

三、实验内容

以鱼为原料,经清洗等预处理过程,绞碎,加盐擂溃,斩成糜状,加食盐、调味料等,根据需求做成丸状或其他形状,再进行水煮、油炸、焙烤、烘干、烟熏等加热或干燥处理。

四、实验原理

加工鱼糜制品时,在鱼糜中加入2%~3%的食盐,经擂溃或斩拌,能形成非常黏稠和具有可塑性的肉糊,这是因为食盐使肌原纤维的肌球蛋白和肌动蛋白吸收大量的水分并形成了肌动、肌球蛋白的溶胶,出现了凝胶化现象。盐溶性蛋白充分溶出,肌动蛋白在受热后解开高级结构,分子之间通过氢键相互缠绕,形成了纤维状的大分子,构成了稳定的网状结构。肌球蛋白在溶出过程中具有极强的亲水性,在形成的网状结构中包含了大量的游离水分,在加热形成凝胶以后,就构成了比较均一的网状结构,使制品具有极强的弹性。

五、实验形式

根据本实验的特点,采用教师集中授课、学生分组实验的形式,相互交流,分享经验。

六、实验条件

材料:草鱼,鲢鱼,盐,味精,猪油,糖,淀粉,鸡蛋。
仪器:采肉机,绞肉机,纱布,刀具,不锈钢器具。

七、实验步骤

(一)生产工艺

原料预处理→采肉→漂洗→压榨→精滤→擂溃→成丸→油炸→称量→成品→冷藏。

(二)操作要点

1. 原料要求

鱼糜加工原料来源较为广泛,不受鱼种、大小的限制,既可以是海水鱼(如鳗鱼、马鲛鱼等),又可用淡水鱼(如白鲢、草鱼等)。鱼的个体以500~1000 g为宜。原料鱼要求新鲜,不得腐败变质,否则会影响成品的质量。

2. 原料预处理

冻结的鱼从冷库中取出,置于水槽中过夜,利用室温缓慢融化,如果急于融化,可用自来水冲淋。待鱼解冻后,用刀将头从鳃下斩去,然后剖开肚腹,将内脏去除,并将鱼体从鱼脊椎处剖成两片,但两片连在一起,用自来水冲洗干净,并沥干,去鳞处理。将鱼内脏和头分别收集处理。

3. 采肉

采肉可用采肉机。事前应先将采肉机清洗干净。采肉时应注意调节皮带与滚桶之间的松紧程度,以保证采肉的质量。剖开的鱼肉部分朝向滚桶,鱼皮部分朝向皮带,以增加采肉量,并减少鱼皮被采进鱼糜的量,如有必要,可进行两次采肉。第一次采肉时,先使皮带与滚桶之间保持放松,这样采得的肉质量较好,做出的鱼糜制品的质量也较高。第二次采肉时,

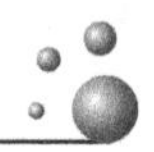

皮带与滚桶之间绷紧，以利于采肉，采得的肉质量稍次。采肉结束，将鱼糜和骨渣分别称重。

4. 漂洗

由于内脏去除不净、采肉时鱼皮被采进鱼糜等原因，所得鱼糜往往带有较深的颜色，需进行漂洗处理。漂洗时，将鱼糜置于容器内，放入鱼糜3～5倍体积的水，搅拌后，静置10～15 min，将漂浮在水面的鱼皮等漂浮物掏去，并将水倒出，注意防止鱼糜的流失。第二次漂洗的方法同上。在前两次用水进行的漂洗中，鱼肉组织吸水膨胀，不利于后面的脱水。因此，第三次采用盐水漂洗，加盐量为鱼糜重量的0.5%～1%，用盐水漂洗可使鱼肉组织中的水分易于析出。

5. 压榨

漂洗结束，可用滤布将水滤去，并进行充分挤压，以降低鱼糜中的含水量。如果有条件，可以用脱水机或压榨机进行脱水。

6. 擂溃

擂溃是鱼糜生产中最重要的工序之一，擂溃的工艺操作是影响鱼糜成品弹性的关键所在。擂溃通常采用专门的擂溃机或斩拌机。在擂溃的过程中要添加淀粉和各种调味料（参照配方：鱼糜100 kg，面粉50 kg，食盐3.5 kg，砂糖0.6 kg，黄酒1 kg，味精0.2 kg，鸡蛋清5 kg，姜汁0.3 kg）。擂溃时，开始先空擂数分钟，加入食盐，充分擂溃，使盐溶性蛋白完全溶出。然后将黄酒、姜汁分多次加入。最后加入面粉，并继续擂溃到均匀为止。擂溃时必须使添加的辅料充分混合均匀，并根据具体情况控制擂溃的时间，至鱼糜呈现较好的黏附性。

7. 成丸

将擂溃好的鱼糜放入盆内，进行成丸工序。成丸后，将生鱼丸置于冷水盆内，其目的是使鱼丸成型，避免水煮时发生散丸现象。

8. 水煮

将生鱼丸于沸水锅中煮至浮于水面，即可捞出。

9. 油炸、称重包装

将生鱼丸投入油锅，用油量一般为投料量的10倍。刚油炸时，油温不宜太高，一般控制在160～180 ℃，以免出现鱼丸表面已炸焦而内部还未熟的情况，大约2 min后，可将油温升高至220～240 ℃，待鱼丸表面为金黄色即可。称量包装时，对不同的产品分别称量，一般以250 g为一袋，用聚乙烯袋包装。

八、质量标准

（1）感官指标。先检查鱼糜制品包装袋是否完整、有无破损，再剪开包装袋，检查袋内鱼糜产品的形状、个体大小、排列，然后检查鱼糜制品的色泽、风干程度。

（2）理化指标　汞（以Hg计）/（mg/kg）≤0.5，无机砷（以As计）/（mg/kg）≤1.0，铅（以Pb计）/（mg/kg）≤0.5，镉（以Cd计）/（mg/kg）≤0.5。

（3）微生物指标　菌落总数/（cfu/g）≤5.0×10000，大肠杆菌（MPN/100 g）≤30，沙门氏菌、金黄色葡萄球菌不得检出。

九、思考题

鱼糜形成的原理是什么？

实操要求

1. 以小组为单位，各小组提交实验方案。
2. 采购原辅料，清洗设备及器具。
3. 填写鱼丸制作关键操作要点表(表 6-4)。

表 6-4　鱼丸制作关键操作要点表

名称	原料预处理	采肉	漂洗	压榨	擂溃	成丸	水煮	油炸

4. 完成实验任务单的填写。
5. 完成成品分析单的填写。

任务三　制作海藻

人类利用海藻已有 3000 余年的历史。海藻类约 3 万种，其中经济价值较高、产量较大的有褐藻类、红藻类、绿藻类。海藻与生长在海水中的海草不同。海藻加工是对海藻的胶质和某些含量较高的有机物(如甘露醇等)及无机盐(如碘和氢化钾等)的利用。褐藻类主要含褐藻酸(约为 20%)、蛋白质(7%～10%)、甘露醇(5%～20%)、无机盐(KCl、$NaCl$、I_2)及特殊的褐藻淀粉和褐藻黄素。红藻类主要含醣类(50%～70%)，也含有一定量的蛋白质、无机盐以及特有的藻红素(色素)、红藻淀粉、红藻糖苷等。绿藻类含大量碳水化合物，还含有无机盐、蛋白质、纤维素等。藻类产品较多，包括琼胶、海带糕点、裙带菜制品、紫菜制品、褐藻胶、甘露醇、碘等。在食品工业、纺织业、造纸业等行业，均广泛应用海藻加工品。

实验　制作调味海带丝

海带又名纶布、昆布、江白菜，是多年生大型食用藻类，呈褐色、扁平带状，生长于水温较低的海中。海带成本低廉，营养丰富，其蛋白质中氨基酸种类齐全，比例适当，尤其是人体必需的八种氨基酸，其含量十分接近理想蛋白质中必需氨基酸的含量，是一种重要的海生资源。海带具有抗辐射、排铅作用，可预防和治疗甲状腺肿，还可瘦身、美肤、美发，降血压、血脂和血糖等。

一、实验认知

(1)实验学时：4。
(2)实验类型：验证性实验。
(3)实验要求：选修。

二、实验目的

掌握调味海带丝的制作工艺流程与操作要点。

三、实验内容

将淡干海带经过浸醋等处理后，以酱油作为主调料，加入砂糖和其他调味料一起蒸煮，减少水分，使之具有浓厚的味道，最后用复合包装袋包装。

四、实验原理

调味海带丝的制作中，调味料和食盐（5%～8%）有一定的防腐性，蒸煮能起到杀菌效果，水分含量一般在70%左右，产品一般用聚乙烯、聚酯或铝箔等复合材料包装，因此有一定的贮藏期，常温可保藏3个月以上。在调味海带丝中，还可以加入各种蔬菜、鱼虾贝类或其他配料，加工成各种风味调味食品。

五、实验形式

根据本实验的特点，采用教师集中授课、学生分组实验的形式，相互交流，分享经验。

六、实验条件

材料：海带、醋、酱油、砂糖、味精。

器具：锅、案板、不锈钢刀、封口机。

七、实验步骤

（一）工艺流程

干海带浸醋处理→切断与清洗→沥水→调味煮熟→沥汁与冷却→装袋与真空封口→杀菌与冷却→包装→成品。

（二）操作要点

1. 实验材料

以符合国家标准的淡干一、二级海带为原料，尽量选择色泽深褐至深黑、叶质宽厚的海带。将附着于海带表面的草棍、泥砂等杂物刷除，剔除不合格原料，切去根基部、梢部等不可食部分。

2. 浸醋处理

浸醋的目的是使海带变软。将海带浸入浓度为2%的醋酸水中30 s，然后放置6～8 h，让醋液充分渗透，使海带回软。

3. 切断与清洗、沥水

将海带切成丝状或小片状，用清水充分洗去海带上附着的污泥等杂质，然后沥干水分。

4. 调味煮熟

（1）配方。每10 kg原料海带，加入酱油15～20 kg，砂糖8～12 kg，味精1.0～1.5 kg，水30 kg，其他调味料根据各地的生活习惯和口味要求而定。

（2）煮熟。将水洗后的海带丝放在调味液中浸泡2～4 h，然后一起倒入加热锅内加热蒸煮。

5. 沥汁与冷却

将煮熟的海带放入沥汁容器，并快速吹风，冷却至室温。

6. 装袋与真空封口

调味后的海带丝按规定重量进行包装，宜用复合薄膜蒸煮袋或铝箔复合袋真空包装。

7. 杀菌与冷却

采用 90 ℃的热水杀菌 40 min。杀菌结束，立即用冷水冷却至室温。

八、质量标准

产品外观呈深绿色。卷曲状干燥海带丝复水后呈翠绿色，宽度均匀，不含黄白边，梢、杂质及泥沙，具有海带食品固有的气味，无异味。水分含量≤13％，氯化钠含量≤15％，无机砷含量≤2.0 mg/kg。

九、思考题

浸醋处理的目的是什么？

实操要求

1. 以小组为单位，各小组提交实验方案。
2. 采购原辅料，清洗设备及器具。
3. 填写调味海带丝制作关键操作要点表（表 6-5）。

表 6-5 调味海带丝制作关键操作要点表

名称	浸醋	切断、清洗	调味熟化	杀菌	包装

4. 完成实验任务单的填写。
5. 完成成品分析单的填写。

模块七　发酵制品制作工艺

发酵制品是人类巧妙地利用有益微生物加工制造的一类食品，具有独特的风味，丰富了人们的饮食生活，如酸奶、干酪、酒酿、泡菜、酱油、食醋、豆豉、腐乳、黄酒、啤酒、葡萄酒，甚至包括臭豆腐和臭冬瓜，可分为谷物发酵制品、豆类发酵制品和乳类发酵制品。从营养学的角度来看，发酵后，食品中原有的营养成分发生了改变，产生了独特的风味。在发酵过程中，保留了食物原有的一些活性成分，如多糖、膳食纤维、生物类黄酮等对机体有益的物质，还能分解某些对人体不利的因子，如豆类中的低聚糖、胀气因子等。

任务一　制作发酵酒

发酵酒又称酿造酒或压榨酒，是用粮食或含有糖分的其他原料，进行破碎、润料、蒸熟，加进酒曲、酵母或酒药，倒入池中或缸内发酵，先经过滤、提取原汁原液，再经杀菌、装瓶等工序酿制成的酒。其酒精含量较低，刺激性小，固形物含量较多，如黄酒、啤酒、果酒及葡萄酒等。

实验一　制作葡萄酒

葡萄酒是以葡萄为原料酿造的一种果酒。葡萄酒种类丰富，分类方法不同。按酒的颜色可分为白葡萄酒、红葡萄酒、桃红葡萄酒；按含糖量可分为干葡萄酒、半干葡萄酒、半甜葡萄酒、甜葡萄酒；按是否含有二氧化碳可分为静酒和起泡酒等。

一、实验认知

(1)实验学时：4。
(2)实验类型：验证性实验。
(3)实验要求：必修。

二、实验目的

(1)理解葡萄酒制作的基本原理。
(2)熟悉酿造葡萄酒的工艺流程。
(3)掌握葡萄酒的加工技术及关键控制点。

三、实验内容

葡萄分选清洗，去梗破碎，调整糖酸度，经前发酵、压榨、后发酵、贮藏、澄清、过滤、调配、装瓶、杀菌，制成葡萄酒。

四、实验原理

葡萄酒或其他果酒的制作是以新鲜的葡萄或其他果品为原料，利用野生或者人工添加的酵母菌来分解糖分并产生酒精及其他副产物，伴随着酒精和副产物的产生，果酒内部发生一系列复杂的生化反应，最终赋予果酒独特的风味及色泽。果酒酿造不仅是微生物活动的结果，而且是复杂生化反应的结果。它包括酒精发酵、苹果酸-乳酸发酵、酯化反应和氧化-还原反应等过程。

五、实验形式

根据本实验的特点，采用教师集中授课、学生分组实验的形式，相互交流，分享经验。

六、实验条件

材料：葡萄、白砂糖、柠檬酸、葡萄酒酵母等。

设备：破碎机、榨汁机、恒温培养箱、手持糖量计、不锈罐筒或塑料筒、过滤筛、台秤等。

七、实验步骤

（一）工艺流程

原料选择及预处理→去梗、破碎、榨汁→调整糖酸度→前发酵→分离压榨→后发酵→陈酿→澄清→过滤→调配→装瓶→杀菌。

（二）操作要点

1.原料选择及预处理

选用质量一致、酸甜度合适的栽培葡萄或山葡萄，剔除病烂、病虫、生青果。用清水洗去表面污物。

2.破碎、去梗

可用滚筒式或离心式破碎机将果实压破，再经除梗机去掉果梗，以使酿成的酒口味柔和，否则会产生单宁等青梗味。

3.调整糖酸度

经破碎除去果梗的葡萄浆，因含有果汁、果皮、子实及细小果梗，应立即送入发酵罐内，发酵罐上面应留出 1/4 的空隙，不可加满，并盖上木制箅子，以防浮在发酵罐表面的皮糟因发酵产生二氧化碳而溢出。发酵前须调整糖酸度（糖度控制在 25Bx 左右），加糖量一般以葡萄原来的平均含糖量为标准，加糖不可过多，以免影响成品质量。

4.前发酵

调整好糖酸度后，加入酵母液，加入量为果浆的 5%～10%，加入后充分搅拌，使酵母均匀分布。发酵时每日必须检查酵母繁殖情况及有无菌害。如酵母生长不良或过少时，应重新补加酒母。发现有杂菌危害，应在室内燃薰硫黄，利用二氧化硫杀菌。发酵温度必须控制在 20～25 ℃之间。

前发酵的时间，根据葡萄含糖量、发酵温度和酵母接种数量来定。一般在比重下降到 1.020 左右时即可转入后发酵。前发酵时间一般为 7～10 天。

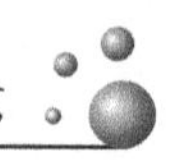

5. 分离压榨

前发酵结束后，应立即将酒液与皮渣分离，避免过多单宁进入酒中，使酒的味道过分苦涩。

6. 后发酵

充分利用分离时带入的少量空气，促使酒中的酵母继续分解剩余糖分，转化为酒精。此时，沉淀物逐渐下沉在容器底部，酒漫漫澄清。后发酵的目的是促进葡萄酒进行酯化作用，使酒逐渐成熟，色、香、味俱全。后发酵桶上面要留出 5～15 cm 的空间，因后发酵会生成泡沫。后发酵期的温度控制在 18～20 ℃之间，最高不能超过 25 ℃。当比重下降到0.993左右时，发酵即告结束。一般需 1 个月左右，才能完成后发酵。

7. 陈酿

阵酿时要求温度低，通风良好。适宜的陈酿温度为 15～20 ℃，相对湿度为 80%～85%。陈酿期除应保持适宜的温度、湿度外，还应及时换桶、添桶。第一次换桶应在后发酵完成后的 8～10 天进行，除去渣滓，同时补加二氧化硫至 150～200 mg/L。第二次换桶在前次换桶后 50～60 天进行。第二次换桶后约三个月进行第三次换桶，经过 3 个月以后再进行第四次换桶。

为了防止有害菌侵入与繁殖，必须随时填满贮酒容器的空隙，不让它的表面与空气接触。在新酒入桶后，第一个月 3～4 天添桶一次，第二个月 7～8 天添桶一次，以后每月一次添桶一次，一年以上的陈酒，可隔半年添一次。添桶用的酒，必须清洁，最好使用品种和质量相同的原酒。

8. 调配、装瓶、杀菌

经过 2～3 年贮存的原酒，已成熟老化，具有陈酒香味。可根据品种、风味及成分进行调合。葡萄原酒要在 50%以上。调配好的酒，在装瓶以前，还须化验检查，并过滤一次，才能装瓶、压盖。在 75 ℃的温度下灭菌后，即可贴商标，包装出售。

八、产品质量标准

1. 感官指标

颜色：紫红色，澄清透明，无杂质。

滋味：清香醇厚，酸甜适口。

香气：具有醇正、和谐的果香味和酒香味。

2. 理化指标

比重：1.035～1.055(15 ℃)；酒精：11.5%～12.5%(15 ℃)；总酸：0.45～0.6 g/100 mL；总糖：14.5 ～15.5 g/100 mL；挥发酸：0.05 g/100 mL 以下；单宁：0.45 ～0.06 g/100 mL。

九、思考题

(1)处理原料及调整糖度、酸度时应注意哪些问题？

(2)前发酵与后发酵有什么不同？

(3)葡萄酒主发酵期间的主要管理技术是什么？

实操要求

1. 以小组为单位，各小组提交实验方案。

2. 采购原辅料，清洗设备及器具。

3. 填写葡萄酒制作的关键操作要点表（表7-1）。

表7-1　葡萄酒制作的关键操作要点表

名称	原料预处理	前发酵	后发酵	陈酿	调配

4. 完成实验任务单的填写。

5. 完成成品分析单的填写。

实验二　制作米酒

米酒泛指以米类酿制的酒，古称醴，是用蒸熟的江米（糯米）拌上酒酵（一种特殊的微生物酵母）发酵而成的一种酒，在我国各地称呼不同，又叫醪糟、酒酿、甜酒、甜米酒、糯米酒、江米酒、酒糟等。米酒甘辛温，含糖、有机酸、维生素 B_1、维生素 B_2 等，可益气、生津、活血、散结、消肿。

一、实验认知

（1）实验学时：4。

（2）实验类型：验证性实验。

（3）实验要求：必修。

二、实验目的

（1）了解粮食酿酒的基本原理。

（2）掌握甜酒酿的制作技术。

三、实验内容

糯米蒸饭，淋水降温，落缸搭窝，保温发酵。观察记录发酵现象及结果，比较曲种及发酵条件与产品品质的关系。

四、实验原理

糯米经过蒸煮糊化，利用酒药中的根霉和米曲霉等微生物将原料中糊化后的淀粉糖化，使蛋白质水解成氨基酸，然后酒药中的酵母菌利用糖化产物生长繁殖，并通过酵解途径将糖转化成酒精，从而赋予米酒特有的香气、风味和丰富的营养。随着发酵时间的延长，米酒中的糖分逐渐转化成酒精，因而糖度下降，酒度提高，故适时结束发酵是保持米酒口味的关键。

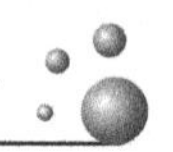

五、实验形式

根据本实验的特点、要求和具体条件，采用教师集中授课、学生分组实验的形式，组内协作，组间交流。

六、实验条件

材料：糯米、酒药(酒曲)。

设备：手提高压灭菌锅、不锈钢丝碗、滤布、烧杯、罐头瓶(含盖)、不锈钢锅等。

七、实验步骤

(一)工艺流程

洗米蒸饭→淋水降温→落缸搭窝→保温发酵。

(二)操作要点

1. 洗米蒸饭

将糯米淘洗干净，用水浸泡 4 h，捞起后放于置有滤布的钢丝碗中，于高压锅内蒸熟(约 0.1 MPa，9 min)，使饭“熟而不糊”。

2. 淋水降温

用清洁的冷水淋洗蒸熟的糯米饭，使其降温至 35 ℃左右，同时使饭粒松散。

3. 落缸搭窝

将酒药均匀拌入饭内，并在洗干净的烧杯内洒少许酒药，然后将饭松散地放入烧杯内，搭成凹形圆窝，面上洒少许酒药粉，盖上培养皿盖。

4. 保温发酵

于 30 ℃进行发酵，待发酵 2 天后，当窝内甜液的高度达饭堆的 2/3 时，进行搅拌，再发酵 1 天左右即可。

(三)注意事项

(1)用来制作醪糟的全部工具都须洁净、无水、无油，否则做出的醪糟很容易霉变，应提前做充分的准备。

(2)充分浸泡的糯米更易蒸熟，所以最好提前一天浸泡。

(3)拌酒曲的时候，糯米的温度以 30 ℃左右为宜，太热或者太凉，做出的醪糟味道都不理想。

(4)醪糟发酵的过程中，糯米的表面如长出一层白毛，将长白毛部分去掉即可，剩下的仍然可以食用。如果长出其他颜色的毛，说明制作的容器或工具不够洁净，产生了霉变，最好弃之不用。

(5)整个发酵过程温度最好保持在 30 ℃左右，2～3 天即可，时间太长，酒味就会过重。发酵完成后，在做好的醪糟表面淋上纯净水有停止发酵的作用，再入冰箱冷藏，以防止温度过高，导致发酵过度，酒味过重。

八、质量标准

清香袭人，无异味，甜而不腻，酸味合适，没有苦味、涩味、金属味，回味深长。

九、思考题

(1)制作米酒的关键操作是什么?
(2)发酵期间为什么要进行搅拌?

实操要求

1. 以小组为单位,各小组提交实验方案。
2. 采购原辅料,清洗设备及器具。
3. 填写米酒制作关键操作要点表(表 7-2)

表 7-2 米酒制作关键操作要点表

名称	洗米蒸饭	淋水降温	落缸搭窝	保温发酵

4. 完成实验任务单的填写。
5. 完成成品分析单的填写。

任务二 制作发酵调味品

酱油、食醋、酱、豆豉、腐乳等传统发酵调味食品创始于我国。我国先民在长期的生产实践中积累了制作发酵调味品的丰富经验。在发酵过程中,由于多种微生物的作用,产生了一系列的生化反应,把原料中的不溶性高分子物质分解为可溶性低分子化合物,提高了产品的生物有效性。分解物相互组合、多级转化,微生物不断自溶,形成了种类繁多的呈味、生香和营养物质,构成了营养丰富、风味独特的传统发酵调味品。

实验 制作米醋

米醋以稻谷、高粱、糯米、大麦、玉米、红薯、酒糟、红枣、苹果、葡萄、柿子等粮食和果品为原料,经过发酵酿造而成。它含少量醋酸,香气纯正,酸味醇和,略带甜味,适用于蘸食或炒菜。米醋是营养价值较高的一种醋,含有丰富的碱性氨基酸、糖类物质、有机酸、维生素 B_1、维生素 B_2、维生素 C、无机盐、矿物质等。研究表明,常吃米醋对预防心脑血管疾病有益。

一、实验认知

(1)实验学时:4。
(2)实验类型:验证性实验。
(3)实验要求:必修。

二、实验目的

(1)了解米醋酿造的基本原理。

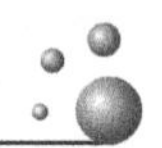

(2)掌握米醋的制作技术。

三、实验内容

作为主料的米浸泡后与其他辅料拌匀蒸熟,拌曲,入坛发酵,加水醋化。

四、实验原理

原料经蒸煮、糊化、液化及糖化,使淀粉转变为糖,再用酵母发酵生成乙醇,然后在醋酸菌的作用下使醋酸发酵,将乙醇氧化生成醋酸。参与糖化发酵作用的主要微生物有霉菌、酵母菌和醋酸菌。

五、实验形式

根据本实验的特点、要求和具体条件,采用教师集中授课、学生分组实验的形式,组内协作,组间交流。

六、实验条件

材料:糯米、酒药、湿淀粉、鲜酒糟、麸皮、谷糠、块曲、酵母、食盐。
设备:甑坛、缸、锅。

七、实验步骤

(一)工艺流程

配料→蒸熟拌曲→入坛发酵→加水醋化→成品着色。

(二)操作要点

1. 配料

糯米 5 kg,酒药 0.25 kg,湿淀粉 85 kg,鲜酒糟 85 kg,麸皮 55 kg,谷糠 55 kg,块曲 25 kg,酵母 15 kg,食盐 0.65 kg。

2. 蒸熟拌曲

将糯米浸渍,水层比米层高出 20 cm 左右。浸渍时间:气温 15 ℃以下时为 12～16 h;夏秋气温 25 ℃以下时,以 8～10 h 为好。浸渍后捞起,放在甑上蒸至大汽上升后,再蒸 10 min,向米层洒入适量清水,再蒸10 min;待米粒膨胀发亮、松散柔软、嚼不粘牙,说明糯米已熟透,此时下甑,再用清水冲饭降温;沥干水分,倒出,摊铺在竹席上,拌入酒曲药。若是采用其他原料,要粉碎成湿粉,然后上甑蒸,冷却后拌曲。

3. 入坛发酵

酿酒的缸以口小肚大的陶坛为好,把拌曲后的原料倒入坛内。冬、春季节坛外加围麻袋或草垫保温,夏、秋季节注意通风散热。酿室内的温度以 25～30 ℃为宜,经 12 h,曲中的微生物逐渐繁殖起来,24 h 后即可闻到轻微的酒香,36 h 后酒液逐渐渗出,色泽金黄,甜而微酸,酒香扑鼻。这说明糖化完全,酒化正常。

4. 加水醋化

入坛发酵过程中,糖化和酒化同时进行,前期以糖化为主,后期以酒化为主。为使糖化彻底,还要继续发酵 3～4 天,促使生成更多的酒精。当酒液开始变酸时,每 50 kg 米饭或淀粉，加入 4～4.5 倍的清水，使酒液中的酒精浓度降低，以利于其中的醋酸菌繁殖生长，自然醋化。

5. 成品着色

通过坛内发酵，一般冬、春季节 40～50 天，夏、秋季节 20～30 天，醋液即变酸成熟。此时醅面有一层薄薄的醋酸菌膜，有刺鼻的酸味。成熟品上层醋液清亮橙黄，中、下层醋液呈乳白色，略有混浊，两者混合即为白色的成品醋。一般 100 kg 糯米可酿制米醋 450 kg。

在白醋中加入五香、糖等，即为香醋。老陈醋的制作要经过 1～2 年时间，基于高温与低温交替，浓度和酸度会增高，颜色加深，品质更好。

八、质量标准

具有该品种固有的色泽、香气，酸味柔和，回味绵长，无异味，体态澄清。总酸含量（以乙酸计）≥3.50%，可溶性无盐固形物（g/100 mL）≥0.50。

九、思考题

液态发酵法与固态发酵法有何区别？

实操要求

1. 以小组为单位，各小组提交实验方案。
2. 采购原辅料，清洗设备及器具。
3. 填写米醋制作关键操作要点表（表 7-3）。

表 7-3　米醋制作关键操作要点表

名称	配料	拌曲	发酵	醋化	着色

4. 完成实验任务单的填写。
5. 完成成品分析单的填写。

附　　表

附表 1

实验任务单

实验名称					
实验场地		指导教师		日期	
班级		小组号		组长	
成员姓名				学时	
任务目标					
人员分配					
时间安排					
工具材料					
工艺流程					
实施步骤					

附表 2

成品分析单

评定项目	评定结果
感官评定	
理化评定	
微生物评定	
组间评定	
组内评定	
教师评定	
综合评定	

参考文献

[1] 李里特,江正强.焙烤食品工艺学[M].北京:中国轻工业出版社,2019.
[2] 仇农学,李建科.大豆制品加工技术[M].北京:中国轻工业出版社,2000.
[3] 刘心恕.农产品加工工艺学[M].北京:中国农业出版社,2000.
[4] 胡小松,蒲彪.软饮料工艺学[M].北京:中国农业大学出版社,2002.
[5] 邵长富,赵晋府.软饮料工艺[M].北京:中国轻工业出版社,2005.
[6] 姚茂君.实用大豆制品加工技术[M].北京:化学工业出版社,2009.
[7] 秦文,张清.农产品加工工艺学[M].北京:中国轻工业出版社,2019.
[8] 李新华.农产品加工工艺学[M].2版.北京:中国农业出版社,2014.
[9] 王国军.软饮料加工技术[M].2版.武汉:武汉理工大学出版社,2018.
[10] 刘明华.发酵与酿造技术[M].2版.武汉:武汉理工大学出版社,2020.
[11] 郑坚强.水产品加工工艺与配方[M].北京:化学工业出版社,2018.
[12] 张甦.乳制品生产与检测技术[M].北京:科学出版社,2019.
[13] 林春艳,李威娜.肉制品加工技术[M].2版.武汉:武汉理工大学出版社,2017.
[14] 孟宪军,乔旭光.果蔬加工工艺学[M].2版.北京:中国轻工业出版社,2020.